NOBEL PRIZE AND
CHINESE TRADITIONAL WISDOM

诺贝尔奖与中华传统智慧

何山石　编著

人民出版社

目　录

目
录

自　　序

1970年诺贝尔物理学奖获得者汉内斯·阿尔文博士,在其等离子物理学研究领域中的辉煌生涯将近结束时,曾作如下结论:人类要生存下去,就必须回到25个世纪以前,去汲取孔子的智慧。

汉内斯·阿尔文为何会对孔子的智慧表达如此崇高的敬意,已不可求证,但有一点毫无疑问,就是汉内斯·阿尔文的思维,是在他对孔子智慧有了深刻了解之后,找到了与这位东方智者思维能内在汇通的结点,所以,他表达了自己对孔子的膺服。

汉内斯·阿尔文是从"人类要生存下去"这一普世命题出发来谈孔子智慧的,从这个意义上来讲,孔子智慧的启发,就不再局限于一人一事,而是扩充至这位东方智者给这个世界带来的震撼人心的启发力量。

应该说,像汉内斯·阿尔文与孔子智慧这种极富意味的思维对接,在东西方文化的交流碰撞中,是经常发生的,而且,发生的主体也不仅止于诺贝尔获奖者与孔子之间,比如莱布尼茨对《周易》二进制思维的惊叹,拉康在进入老子的思维世界之后,深为折服,并且谦虚地认为自己是受汉语的影响,才会对语言问题有一点研究。

这都生动地说明,在当下的世界文化格局中,中国传统文化的思维智慧有着越来越重要的位置,总结中国传统思维智慧对世界的启发以及寻找中国传统思维与世界其他民族思维的共通性,是有意义的。

这便是本书《诺贝尔奖与中华传统智慧》写作的重要缘起。

　　《诺贝尔奖与中华传统智慧》选择了屠呦呦、莫言等近五十位诺贝尔奖获得者，对他们的成功，从思维方式这个角度进行总结，以让那些在路上的成功追求者，瞻仰前贤，获得启示。同时，从我们渊深源厚的传统文化中，如经、史、子、集中进行搜罗，找出与诺贝尔奖获得者成功类同的思维智慧，让读者在中西智识的辉映中，领略成功思维的美妙，为自己的成功获取智力支持。

　　鉴于讲清楚我们民族的历史，讲明白华夏文明的来龙去脉，讲好中国故事时，往往会陷入板滞、呆涩的尴尬境地，所以，本书抛弃了令人生厌的、面目冰冷的学术式书写，而是将我们的传统智慧，与诺贝尔获奖者的成功思维方式，一并用故事的方式，温暖地呈现给读者。我总是相信，在中国人普遍脱离传统已很久、几代人几乎未曾得传统文化濡养的背景下，讲中国传统文化，浅显一点，再浅显一点，离我们的人民就近一点，再近一点。

　　这本小书，在如下三个层面上，进行了粗浅探索。

　　其一，人获得成功，助推的因素很多，但思维方式无疑更为重要，所谓"思路决定出路"，其是之谓！如白川英树因为可导电的塑料而获诺贝尔奖，若没有逆向思维这样的思维方式，坏事何能成为好事？之所以有时候获得成功如此艰难，就是因为我们的思维，被定式、陈规、惯性等砌起来的高墙给禁锢起来，我们走不出这厚重的高墙，便无法触摸成功了，思维若不能破茧，人生便难臻成蝶之境！

　　其二，中国传统的思维智慧，与诺贝尔获奖者的成功思维，在内理上是完全相通的。还以白川英树为例，他的使不导电物导电的逆向思维，与孔子的"己所不欲，勿施于人"这种思维完全同趣，白川英树用这种思维来解决科学研究难题，孔子用这种思维来处理人际关系，实现自己内心道德的完善，两者同趣同归。

其三，在传统文化日益受到重视的当下，通过这种中西合璧的呈现方式，我们能更好地检视我们的传统文化的诸多侧面，当然，包括前人的思维方式与成功法则。其实，对中国传统文化的考量，我们在很多时候都只是站在墙内揽镜自照，赏也罢，批也罢，爱也罢，恨也罢，都是自家言说，而不能看到墙外的风景给我们提供的参照。本书的写作，就是想找到这样一种参照，来审视我们的传统文化，在现代社会中到底有多大的弹性，足以支撑国家、民族、个人的成功！

以上便是对这本小书的大概描述，书中的诸多观点，仅仅代表本人一种致思的努力，若对读者诸君有一丝启发，则善莫大焉。当然，恳请深爱传统文化、对成功有渴求的同道中人批评指正，以使我们对传统文化有更深的体认、更全面的把握，应是更幸福的事！

屠呦呦：从中医典籍中汲取智慧

屠呦呦（1930— ），生于浙江宁波，中国著名女药学家，一直于中国中医科学院（前身为中国中医研究院）从事研究工作。屠呦呦从中医中汲取智慧，经过长时间的研究，完成了抗虐新药——青蒿素的研究，造福人类，因而获得 2015 年度诺贝尔生理学或医学奖。

2015 年，85 岁的老人屠呦呦获得本年度的诺贝尔生理学或医学奖，成为中国第一位获得科学领域里的诺贝尔奖的人！

仿佛一夜之间，"现在弄得满世界都是屠呦呦了"，这位朴厚长者在获奖后，曾这样戏谑地告诉媒体。可能，获奖真正打扰了她平静的生活。但我们相信，这些打扰是善意的，因为，从对这位朴厚长者的解读中，我们能获得更多启迪，更多推动人性完善的正能量。

屠老的成功光华，再度诠释了获得成功与对接传统智慧之间的正相关关系，亦再次昭告世人，欲使人生破茧成蝶，突破禁锢重重的思维高墙，从传统智慧中去获取有如神启般的灵感，将是最有效的方法之一。

从《中国青年报》等媒体对屠呦呦获奖的报道中，我们完全能触摸到传统智慧促生成功人生的巨大力量。"近半个世纪前，屠呦呦从我国古人将青蒿泡水绞汁的记载中获取灵感，意识到高温煮沸可能会破坏有效成分的生物活性，将原来用作溶液的水替换为沸点较低的乙醚后，获得了更有效果的提取物。"正是以中国先民的智慧作为思维生发的原始起点，怀揣着中国古代贤人留播下的成功金色种子，经过几十年的艰辛探索，屠呦呦获得了炫目的成功，这种成功，因由有自，离不开传统智慧的泽被与灌溉。

1951 年，21 岁的屠呦呦，进入北京医学院学习，开启了她几十年的在中医领域里的逐梦之旅。屠呦呦选择了即使在现在仍被视为冷门专业的生药学，因为她觉得，生医学专业与中国悠久的中医传统最为接近，这正是她的志趣所在。从青年屠呦呦的选择理性中，我们不仅要再次看到当代人选择专业时的好坏之争的滑稽与虚妄，每一个专业，你真正拥抱了它，倾情投入，持续不怠地学习，任何专业都能成为最好的专业；而且，我们也更能领会到，传统智慧的那种开天辟地的力量蓄蕴极深，只有真正的朝圣者，才能看到启人心智的那道灵光。

中国传统的中医，是屠呦呦成功获奖最直接的哺育者。据人民网等媒体报道，屠呦呦的研究，从系统整理历代医籍、本草入手，她共收集两千多种方药，整体成《抗疟方药集》，并从中选出两百多方药，研制了三百八十多个样品，并从东晋葛洪的《肘后备急方》青蒿"绞汁"服用截疟的记载中获得研究灵感，不断改进提取方法，最终获得成功。

中国的中医传统，作为中国传统文化的有机组成部分，博大精深。诸多中医典籍中的记载，既能治人，亦能治心。如孙思邈的《千金方》，其第一卷《大医精诚》，有"东方的希波克拉底誓言"之誉，《大医精诚》论医德：

凡大医治病，必当安神定志，无欲无求，先发大慈恻隐之心，誓愿普救含灵之苦。若有疾厄来求救者，不得问其贵贱贫富，长幼妍媸，怨亲善友，华夷愚智，普同一等，皆如至亲之想。亦不得瞻前顾后，自虑吉凶，护惜身命。见彼苦恼，若己有之，深心凄怆。勿避险巇、昼夜寒暑、饥渴疲劳，一心赴救，无作工夫形迹之心。如此可为苍生大医，反此则是含灵巨贼。自古名贤治病，多用生命以济危急，虽曰贱畜贵人，至于爱命，人畜一也，损彼益己，物情同患，况于人乎。夫杀生求生，去生更远。吾今此方，所以不用生命为药者，良由此也。

其论医术：

张湛曰：夫经方之难精，由来尚矣。今病有内同而外异，亦有内异而外同，故五脏六腑之盈虚，血脉荣卫之通塞，固非耳目之所察，必先诊候以审之。而寸口关尺有浮沉弦紧之乱，腧穴流注有高下浅深之差，肌肤筋骨有厚薄刚柔之异，唯用心精微者，始可与言于兹矣。今以至精至微之事，求之于至粗至浅之思，岂不殆哉！若盈而益之，虚而损之，通而彻之，塞而壅之，寒而冷之，热而温之，是重加其疾而望其生，吾见其死矣。故医方卜筮，艺能之难精者也。既非神授，何以得其幽微？世有愚者，读方三年，便谓天下无病可治；及治病三年，乃知天下无方可用。故学者必须博极医源，精勤不倦，不得道听途说，而言医道已了，深自误哉。

这些精致的论述，对现代的医德、医术建设的借鉴作用到底有多大，只有留待世人慢慢领会了。此处需要指出的是，对曾经在中、西医孰优孰劣的不休争辩中，认为中医不如西医，甚至认为取消中医的持论者，是反思自己观点的时候了。一个非常浅显的道理，中医呵护了汉民族几千年的健康，难道没有其存在的理由？

屠呦呦问鼎诺贝尔生理学或医学奖，不就生动地说明了，中医智慧的力量，亦是无坚不摧？不是也有媒体报道，加拿大的官员就表达了对中医的膺服？动辄言取消中医的人，应该认识到自己的浅薄与无知！

大学毕业后，屠呦呦一直在中国中医研究院（前身为中医研究院）工作。一生选择一个自己最喜欢的研究领域，如夸父逐日般地追逐一个目标，这种生命的韧性，不是所有人都具备的素质。中医这个宝库，要深得其妙，必须假以时日，不急不躁，摒弃功利杂念，最终才有可能有所获。屠呦呦获得了青蒿素这种抗虐新药，造福苍生，宝山并未空归，我们真是羡慕她收获的幸福。

2011 年，在获诺贝尔奖之前，屠呦呦获得拉斯克奖。拉斯克基金会认为，"屠呦呦领导的团队将一种古老的中医治疗方法转化为今天最强有力的抗疟疾药。……通过将现代技术和严密性应用于五千多年前中国传统中医师们留下的遗产，她将这座宝库带入 21 世纪。"这种评价，客观公正，殊为允恰！

屠呦呦获得诺贝尔生理学或医学奖，是因为青蒿素"这项研究使人类在对抗疟疾这种容易大伤元气的疾病时有了全新的方法，它每年帮助亿万人改善健康，摆脱疟疾折磨，贡献之大难以估量"，而这位长者，对自己的获奖，只是淡淡回应："国外尊重中国的原创发明"。

但这种淡淡的回应，充满着巨大的力量！

这种力量，正源出于一直在中国传统文化中绵延的科学精神！

中国贤哲对世界万象带来的惊奇的孜孜探求，追求原创的科学精神，对科学发明的热爱，是我们传统文化中极为生动的部分，只是在现在，我们由于对传统的隔膜，无法享受这份生动带给我们的愉悦。

比如，在《尚书·虞夏书·尧典》中，华夏先祖开始用科学的方法"分割"时光，"历象日月星辰，敬授人时"，根据自然界的变化确定一年四季：

分命羲仲，宅嵎夷，曰旸谷。寅宾出日，平秩东作。日中星鸟，以殷仲春。厥民析，鸟兽孳尾。申命羲叔，宅南交，曰明都。平秩南讹，敬致。日永星火，以正仲夏。厥民因，鸟兽希革。分命和仲，宅西，曰昧谷。寅饯纳日，平秩西成。宵中星虚，以殷仲

屠呦呦：从中医典籍中汲取智慧

秋。厥民夷，鸟兽毛毨。申命和叔，宅朔方，曰幽都。平在朔易。日短星昴，以正仲冬。厥民隩，鸟兽鹬毛。帝曰："咨！汝羲暨和。期三百有六旬有六日，以闰月定四时成岁。允厘百工，庶绩咸熙。"

中国是农耕国家，在文明发展的初期，便必须学会敏锐地观察自然物侯的变化，以定农作时序，才能避风雪雨水之患，以保丰收。制订日历，科学"分割"时间，这是一个需要高度科学素养的"细活"，我们在虞夏时期就能制作"夏历"，不仅说明中国人的科学精神起源极早，更说明中华民族的科学天分之高。

中国历代重视天文历算，我们的科学精神也在这一领域中流延。对诸如东汉张衡等人，我们之所以能记住他，纯归功于他"验之以事，合契若神"的候风地动仪，这也说明我们对贤哲的科学创辟是仰视的。当然，我们还是因为这种仰视而忽略了他更多的方面，如张衡"少善属文，游于三辅，因入京师，观太学，遂通五经，贯六艺。虽才高于世，而无骄尚之情。常从容淡静，不好交接俗人"，我们对他的文学才华便有意无意忽视了，他的《二京赋》也易被遗忘，而张衡其他方面的科学素养，如"善机巧，尤致思于天文、阴阳、历算"，"研核阴阳，妙尽璇机之正，作浑天仪，著《灵宪》《算罔论》"，等等，便不见得有多少人知道。其实，张衡是个极有科学天赋的人，如果他出生在当代，他完全有能力角逐科学领域里的诺贝尔奖！当然，他的文学才华也同样能给时人惊艳之感。

中国人的科学精神，因为历代统治者对天文历法的重视而在这一领域里保存得相对完整。如在有宋一代，不仅历代帝王对太阳黑子等活动有准确的记录，而且重视天文历算方面的科技人才的发现、培养，比如宋高宗，《宋史》卷二十九载："高宗十年，夏四月丙午，访求亡逸历书及精于星历者。"而且，在宋代，对精于天文历算，有这方面才能的人，若不为国家效力，一经发现，还要受到相应的惩罚。

又比如，"奇书"《山海经》。

这一经典，已经被遗忘得厉害了，以至于知道此书的人不多，能去读这本书的人更少，而能完整理解其内嵌的科学精神的则更少了。说到《山海经》，多数知道此书的人，仅能联想到夸父追日、精卫填海等少得可怜的几则神话，而对其中的地理、物产、植物、医药、矿产、物理等方面的记录则完全不知！要知道，《山海经》记山、记海、记大荒，全书十八卷三万多字的容量，不可能就记几则神话故事了事的。《山海经》更应该看作是中国最早的科学性质的著作，有研究甚至指出，其中关于"三足乌"的说法，可以视为最早的太阳黑子活动记载。

中国人的科学精神源远流长，科技文化更是中国传统文化不可分割的组成部分。而在当下，我们复兴传统文化，更多的是张扬了我们传统文化中的德性的内容，所以，对《周易》《论语》《孟子》《大学》《中庸》等典籍的介绍，或者是对苏轼、李清照这样的文化名人的生平故事的讲述，占据了主流，而对《山海经》《黄帝内经》《九章算术》《农政全书》《天工开物》这样的与科学有关的著作，几无人介绍。在本书的"玻尔：不断地求真"这部分内容中，本人亦提及："我们的传统中那种求真求实精神，正被人遗忘。……我们的发源极早的科学求真精神，被遗忘得更厉害。"并对明代宋应星的科学精神、淡泊名利、关注民生幸福的高尚人格进行了描述，以此表明，我们不仅不能忘记了这些人，更不能忘记我们传统文化中的科学精神。

屠呦呦的获奖，为我们张扬传统文化中的科学精神，提供了极好的契机，而她从传统中获得成功的灵感，又为我们的思维对接传统智慧提供了极佳的范例。从屠呦呦获奖这件振奋人心的乐事身上，重新认识我们源远流长的科学传统，领略中国传统科学精神的魅力，用传统科学精神开启我们的成功人生，这才是获奖最有意义的启示！

当然，这位厚朴的长者，获奖后的诸多言行，重又让人看到了身为中国人，传统文化又如何生动地在她身上延续，比如，得知获奖后的淡定，自然能让人联想到传统文化中的淡泊名利；"努力工作，把国家任务完成"的家国情怀，自然又能让人联想到范仲淹式的"先天下之忧而忧"的博大襟怀。诸如此类，可感可触，85岁高龄的老人，是一本厚厚的书，有足够的内容供我们品读！

屠呦呦：从中医典籍中汲取智慧

莫言：向传统而生

　　莫言（1955— ），原名管谟业，祖籍山东高密。莫言的文学创作，深深地扎根于中国深厚的传统文化之中，"他从故乡的原始经验出发，抵达的是中国人精神世界的隐秘腹地。他笔下的欢乐和苦难，说出的是他对民间中国的基本关怀，对大地和故土的深情感念"，莫言是依傍传统而成功的典范，于 2012 年获诺贝尔文学奖。

2012 年，莫言获得诺贝尔文学奖，他获奖的理由是："莫言的想象力穿越了人类的历史，他是一位杰出的写实主义者，作品描述了 20 世纪中国的历史。""莫言将现实和幻想、历史和社会角度结合在一起。他创作中的世界令人联想起福克纳和马尔克斯作品的融合，同时又在中国传统文学和口头文学中寻找到一个出发点。"

莫言是中国本土第一位获得诺贝尔文学奖的人，也是中国本土获诺贝尔奖项的第一人。

莫言获得诺贝尔文学奖，足以说明中国作家的创作，有感动世界的力量，中国的文学，亦足以给这个世界的阅读与精神成长带去正能量！

瑞典文学院成员作家、瓦斯特伯格为莫言领奖致辞时说"莫言是一个诗人"！这一评价，乍听似乎言有所悖，莫言闻名于世、获奖，均是因为他恣肆汪洋的小说创作，如《丰乳肥臀》《檀香刑》《生死疲劳》《透明的红萝卜》《四十一炮》《蛙》以及《红高粱》等，与诗人何干？其实，这是对作家莫言的最高褒奖，莫言的作品中，中国传统的审美诗性存乎其中，而且，莫言也是个表现力极强的歌者，他的某些诗作，能带给我们无限的感动，如《你若懂我　该有多好》：

每个人都有一个死角，

自己走不出来，别人也闯不进去。

我把最深沉的秘密放在那里。

你不懂我，我不怪你。

每个人都有一道伤口，

或深或浅，盖上布，以为不存在。

我把最殷红的鲜血涂在那里。

你不懂我，我不怪你。

每个人都有一场爱恋，

用心、用情、用力，感动也感伤。

我把最炙热的心情藏在那里。

你不懂我，我不怪你。

每个人都有一行眼泪，

喝下的冰冷的水，酝酿成的热泪。

我把最心酸的委屈汇在那里。

你不懂我，我不怪你。

每个人都有一段告白，

忐忑、不安，却饱含真心和勇气。

我把最抒情的语言用在那里。

你不懂我，我不怪你。

你永远也看不见我最爱你的时候，

因为我只有在看不见你的时候，才最爱你。

同样，你永远也看不见我最寂寞的时候，

因为我只有在你看不见我的时候，我才最寂寞。

也许，我太会隐藏自己的悲伤。

也许，我太会安慰自己的伤痕。

从阴雨走到艳阳，

我路过泥泞、路过风。

一路走来，

你若懂我，

该有多好。

这淡淡的诗句，温柔地抚摸着人的灵魂，可以让伤口愈合，可以让狂躁平静，可以让世界云淡风轻，诸种况味，都会充溢心胸。

莫言这种带着忧伤的吟唱，能让我们回到中国自己的诗歌传统，在诗、词、曲的低吟浅唱里，百媚顿生，中国传统文化的风流华韵，一一呈现。

如陆游与唐婉的千古唱和。

陆游·钗头凤（红酥手）：

红酥手，黄藤酒。满城春色宫墙柳。东风恶，欢情薄。一怀愁绪，几年离索。错，错，错。

春如旧，人空瘦。泪痕红浥鲛绡透。桃花落，闲池阁。山盟虽在，锦书难托。莫，莫，莫。

唐婉·《钗头凤》（世情薄）：

世情薄，人情恶，雨送黄昏花易落。晓风干，泪痕残，欲笺心事，独倚斜栏。难！难！难！

人成各，今非昨，病魂常似秋千索。角声寒，夜阑珊，怕人寻问，咽泪装欢。瞒！瞒！瞒！

一段天作之合的婚姻，因为来自长辈的"不懂"，而最终成错、成莫、成难、成瞒，"你若懂我，该有多好"，这种吟唱，是世代相续，隔空握手！

传统，总会在人身上延续。

莫言的文学创作，便是向传统而生，从传统文化那里找到灵感的。

2013年5月15日，由知名画家范曾主持，杨振宁与莫言两位诺贝尔奖得主，在北京大学英杰交流中心，举行了一场题为"科学与文学的对话"，在谈到"民族性与传统文化"的话题时，杨振宁和莫言均认为，不管是科学还是文学，"都通过民族与文化传统影响着世界"。杨振宁说："我在中国接受过传统教育，中华传统文化和中国文学对我的影响非常大。"而莫言则以《周易》为例，指出："中国的民族性在《周易》中就树立了：天行健，君子以自强不息；地势坤，君子以厚德载物。前半句讲进取，后半句讲兼容并包。关于文学创作，我们的文化传统中有一个非常重要的理念，叫文以载道，就是希望通过文学来继承发扬我们的传统文化和基本的价值观，然后借以教育国民、开启民智，这是文学创作的终极目标。"而且，莫言还指出："在写作的时候，作家往往不会主动地选择描写民族文化或民族性的东西，而是在创作的过程中潜移默化地赋予笔下的人物这些特性。"

更为有意思者，杨振宁与莫言在谈及"兴趣与灵感"时，莫言以自己的创作实践为例，说明向传统文化找灵感是何其重要，他说："我看过一篇文章，说门捷列夫发明元素周期表就是在做梦时排列出来的，作家也会在梦中构思出很好的情节。我很早就想写《生死疲劳》，但一直写不下去，就是因为长篇小说的结构没有想好。2005年，我去承德参观一个庙宇，在墙壁上看到一幅壁画，是关于佛教的'六道轮回'的，我突然顿悟了，就以'六道轮回'作为这部长篇小说的结构，后面写起来就特别顺利了。"

毫无疑问，作为作家的莫言，受传统文化的影响会更深。

莫言也是在很小的时候，便开始阅读《封神演义》《三国演义》

《水浒传》这样的文学经典，这些最早的阅读，是练"童子功"，没齿难忘，具有影响人一生的神奇力量。莫言在瑞典学院发表了自己的受奖词《讲故事的人》中说及自己的人生经历："辍学之后，我混迹于成人之中，开始了'用耳朵阅读'的漫长生涯。二百多年前，我的故乡曾出了一个讲故事的伟大天才——蒲松龄，我们村里的许多人，包括我，都是他的传人。我在集体劳动的田间地头，在生产队的牛棚马厩，在我爷爷奶奶的热炕头上，甚至在摇摇晃晃地行进着的牛车上，聆听了许许多多神鬼故事，历史传奇，逸闻趣事，这些故事都与当地的自然环境、家族历史紧密联系在一起，使我产生了强烈的现实感。"诸多研究者，也都看到了莫言与传统文化的关系，如山东大学的马瑞芳教授，在接受《深圳特区报》等媒体的访问时，便指出："蒲松龄是马尔克斯的老师，是博尔赫斯的老师，当然就更是莫言的老师了。莫言自己都说过很喜欢《聊斋》，他是听蒲松龄的故事长大的。"北京师范大学的张清华教授，在接受中新网的采访时亦言，"莫言受蒲松龄影响，丰富了魔幻现实主义"，并指出，莫言小说里的魔幻元素，外来的很少，更多的来自传统文化。

这些完全能够说明，莫言的成功，与中国传统文化的滋养有多大的关联！

莫言向传统讨要智慧，正如莫言自己所说的："作家往往不会主动地选择描写民族文化或民族性的东西，而是在创作的过程中潜移默化地赋予笔下的人物这些特性。"他的作品正是如此，如《生死疲劳》的结构取鉴于佛教的"六道轮回"，《天堂蒜薹之歌》中的说书人，都是传统元素，妥帖地融入作品中。

在斯德哥尔摩市政厅举行的诺贝尔晚宴上，莫言因为将已写好的演讲稿落在了酒店，而不得不即兴发表获奖感言演讲，但同样精

莫言：向传统而生

彩，特别是最后一句话："文学和科学相比较的确是没有什么用处。但是文学的最大的用处，也许就是它没有用处。"在这里，我们又自然能想到老子的智慧之言："有无相生，难易相成，长短相形，高下相盈，音声相和，前后相随……三十辐共一毂，当其无，有车之用。埏埴以为器，当其无，有器之用。凿户牖以为室，当其无，有室之用。故有之以为利，无之以为用。"

费曼：大道至简

理查德·费曼（1918—1988），美国物理学家，因在量子电动力学方面的巨大贡献而获诺贝尔物理学奖。将复杂问题简单化，是费曼成功的重要原因之一，费曼式的简单，与中国传统文化中的"大道至简"，有着深度的契合，对我们当下获得成功人生极有借鉴。

简单中内含的机趣，妙不可言！

简单的内涵是多层面的，因此要多方体悟才能得其机趣。

很多时候，一个微笑，一个最简单的动作，都能传达出这种机趣。

大才子苏轼与高僧佛印之间，便有很多因简单而妙趣横生的故事，读来极富韵味。苏轼遭贬，来到黄州。一天和佛印和尚泛舟长江，把酒畅饮间，苏轼忽然扭头，用手往江岸一指，然后笑而不语。佛印顺着苏轼的手势望去，仅见一条黄狗，正在啃骨头，心知苏轼的恶作剧，便将手中题有苏轼诗句的扇子抛入水中。这几个简单的动作结束后，两人相视而大笑。原来，苏轼的动作是嘲讽佛印：狗啃河上（和尚）骨。佛印的动作是反唇相讥：水流东坡尸（东坡诗）。

语言的简单，其以一敌百的巨大能量，时时给人惊艳之感。又如钱钟书在其读书笔记里，记《五杂俎》中一言："疱之拙者，则椒料多，匠之拙者，则箍钉多，宦之拙者，则文告多。"这一简短之语，对所谓的"文山会海"式的庸人治理方式，真是刻画入神。

如果说苏轼这样的简单，只是文人偶尔为之的逞才施能的小伎俩，并不足以影响苏轼的人生大局，那么，像美国物理大师理查德·费曼那样，终其一生，用简单的方法来处理复杂的物理问题，则足以见出"简单"化的思维方式，对其成功影响之大。

费曼是 20 世纪最伟大的物理学家，因在量子电动力学方面的贡献，于 1965 年与施温格、朝永振一郎同获得诺贝尔物理学奖。

很多人都认为这样评价费曼是恰如其分的："这家伙，完全是天才，完全是滑稽演员。"确实，在众多诺贝尔奖获得者中，费曼是独特的，他是一个天才与滑稽演员完美结合的人。

1918年，天才费曼降生在纽约靠近海边的一个小镇上。费曼从出生至生命逝去，都是一个精力充沛、极为喜欢闹腾的人。小时候，费曼是个"小飞侠"，一刻不停息地在他喜欢做的事情中飞来飞去。但是，费曼的天才创新能力，也在他的闹腾中表现出来。十岁的时候，他便给自己设计了一个简单的防盗铃：用电线把电铃和蓄电池连接起来，放在门后面，只要一推门，电线便会与蓄电池连上，铃声大作。有时候，父母很晚才回家，到费曼房子里看他睡着没有，一推门，铃声大作，父母吓得大叫起来，他则高兴得手舞足蹈。

费曼的一辈子，是闹腾的一辈子，以至于普林斯顿大学研究院的院长夫人和他第一次见面时，大喊出声："别闹了，费曼先生！"这句话成了描述费曼的经典，以致他的传记也命名为《别闹了，费曼先生》。他闹腾得也够厉害的：爱好玩鼓，一部由他用鼓声伴奏的芭蕾舞，获全美舞蹈设计竞赛的大奖，他还在给桑德拉·杰切斯特的信中说：

当听说我获得了诺贝尔奖时也很高兴。跟你想的一样，我当时想，至少我的桑巴鼓演奏技巧会得到承认。但请想象一下我的委屈——他们表扬了我15年前写的论文，却没有一个字提到我的桑巴鼓演奏技巧。

还有更闹的事情，他参与"曼哈顿计划"时，以破解保险柜密码锁作为无聊时的消遣，轻松将密码锁打开，偷出机密文件，并留下一纸字条："这个柜子不难开呀———聪明鬼留。"

天才费曼最令人佩服的地方，还是他简单化的思维方式。

费曼一生中最享受的事情，是像演员一样站在讲台上，用他的思想与灵魂去影响自己的学生。费曼是伟大的教育家，他教书育人最能为学生记住的特点，便是能把复杂的观点，用简单的语言表述出来，这是费曼简单化处理问题能力的最好表征。当然，费曼的教育思想同样令人尊敬与感动，他说："我讲授的主要目的，不是帮助你们应付考试，也不是帮你们为工业或国防服务。我最希望做到的是，让你们欣赏这奇妙的世界以及用物理学观察它的方法。"

费曼讨厌某些科学家"用难懂的术语和修辞唬人"，他阐述物理学现象的本质和规律时，总能找到口语化的表达方式，通俗易懂。这对当下中国的学术与学界，似乎不无警示与启迪。钱钟书曾批评黑格尔：

无知而掉以轻心，发为高论，又老师巨子之常态惯技，无足怪也；然而遂使东西海之名理同者如南北海之马牛风，则不得不为承学之士惜之。

在中国，有多少高论蒙人、贩卖难懂术语的"老师巨子"占据讲坛？此色人等，不仅不能如费曼那样用简单的方法去引导学生，烛照后学，更不能让自己的学术经受时间考验，离成功的学者人生也愈发遥远。

关于费曼的"简单"，还有这样一则逸闻。一次科学会议的休息间隙，一名速记员问费曼：

"您肯定不是教授吧？"

费曼：大道至简

"为什么这么问？"

"您知道，我是个速记员。这儿说的每句话我都得记下来。其他人的话，我一句也不懂，可你提问和发言时，我全懂，我想您不可能是位大教授！"

最能体现费曼的简单思维风格的事例，就是对航天飞机"挑战者"号失事原因的调查。

1986 年 1 月，美国航天飞机"挑战者"号失事，人类航天史上的一次特大灾难发生了。费曼作为一名杰出的科学家，成为这次事故调查团的成员之一。

这次事故，和美国航空航天局在管理上的僵化、官僚紧密相连。为了推托责任，其他调查人员出示了各种各样杂乱而令人生厌的数据、资料，以表明失事原因非常复杂。但费曼作为一名有良知的科学家，从简单处着手，发现了问题的症结，在争论不休的讨论会现场，费曼用一个简单的实验来说明自己的看法：他从衣服左边的口袋里拿出一把刚从五金店买来的尖嘴钳，从右边口袋里拿出一个航天飞机推进器上使用的橡皮环，对会场的负责人说："请给我一杯冰水。"然后，费曼用尖嘴钳夹住橡皮环，塞进冰水里，5 分钟后，他取出冻得僵硬的橡皮环，说："发射当天的低气温使橡皮环失去膨胀性，导致推进器燃料泄漏，这就是问题的关键。"

历史证明了费曼的结论是正确的，他用一个简单而优雅的实验，让所有人明白了失事的真正原因。

晚年，费曼身患好几种癌症，他又开始在医学领域里闹腾，用简单思维研究起癌症的治疗，收获很大，所以，他甚至在治疗方案上与主治医生发生争执。主治医生实在无奈："这个老家伙，对癌症的了解比我还透彻。"

费曼用简单的思维处理复杂的问题，也用简单的方式生活，因此，他的一生总让人觉得磊落光明。

《别闹了，费曼先生》中记述，费曼一生不求名利，远离官场，与政府部门少有牵连，他很不希望官场习气影响他的学问事业，因为他看到：

20 世纪 40 年代，我待在普林斯顿期间，亲眼看到高等研究院内那些卓越心灵的下场。他们都具备了聪明绝顶的头脑，因此特别被选中，来到坐落在森林旁边的漂亮房子里，整天优哉游哉地闲坐——不用教书，没有任何约束或负担。但等过了一段日子，他们想不出什么新东西来，每个人心里一定开始感到内疚或沮丧，更加担心提不出新想法。可是一切还是如旧，仍然没有灵感。

这样的所谓研究机构，与某些无所作为的政府机关，对生命的磨损其实是一样的，费曼怕他的生命也被如此磨损掉，所以，他敬而远之。

《别闹了，费曼先生》中亦记述：

领了诺贝尔奖之后，同事维斯可夫和他打赌 10 元，在 10 年之内费曼先生会坐上某一领导位置。费曼在 1976 年拿到了 10 元。事实上，费曼几乎从不参与加州理工学院系内如经费、升等、设备等任何行政工作。别人可能认为他自私。但对他，这是他保卫自己创造自由的方式。他甚至连续 5 年努力辞去美国国家科学院院士的荣誉位置，因为选举其他院士的责任颇困扰他。

有多少人，为了蝇头小利而争得头破血流，为了那些浮云式

费曼：大道至简

的虚名与虚位，钩心斗角，学学费曼的简单，身后必是一片澄明之境。

孔子在多年前，就有关于简单生活的告诫。

《论语·述而》篇曰：

子曰："饭疏食，饮水，曲肱而枕之，乐亦在其中矣。"

又《论语·雍也》称颜回之"贤"，曰：

子曰："贤哉回也！一箪食，一瓢饮，在陋巷。人不堪其忧，回也不改其乐。贤哉回也。"

古人大概都以"简单"生活为"乐""贤"的标准。

而现时的人，却以物质的富足为乐，是古人的思维错了？还是我们的想法错了？

这个简单的问题，很多人都找不到答案。

简单，完全可以成为一种生活方式。

19世纪美国的超验主义者梭罗，是一个在利欲世界里践行简单生活的清醒者，他在距离康科德两英里的瓦尔登湖畔隐居了两年多，以考量最低限度的生活需求到底是多少。在《瓦尔登湖》这一流传极广的作品中，梭罗的诸多关于"简朴"生活的记载，极有意思。如《瓦尔登湖》"简朴生活家具"一节中，梭罗用数字告诉读者他的简朴需求：

1张床、1张餐桌、1张书桌、3把坐椅、1面直径3英寸的镜子、1把火钳和壁炉的柴架、1把水壶、1只长柄平底锅、1只煎锅、

1 只长柄勺、1 个洗脸盆、2 副刀叉、3 只盘子、1 只杯子、1 把汤匙、1 只油壶、1 只糖浆罐，还有 1 只涂了日本油漆的灯。

《瓦尔登湖》是用非常简淡的散文体式写作的，在散文创作中如此密集地使用数字，本身就是一个危险的行为，稍不妥帖便韵味尽失。但梭罗并没有带给读者生硬滞涩之感，相反，读者从这些数字里能感受到"简单"的巨大美感。

在《瓦尔登湖》"简朴生活收支明细账单"中，梭罗所列举的账单更全面更细化，而得出的开支结果也更有意思：梭罗两年多的生活费用是 25.215 美元。这个数字，对那些炫富者、极奢华者，应该是意味深长的嘲笑。

梭罗想要告诉世人：去掉奢华，返回简朴，人能过上如此具有幸福感的生活！

曼德拉：夫子之道，忠恕而已矣

纳尔逊·罗利赫拉赫拉·曼德拉（1918—2013），出生于南非的一个大酋长家庭，但他是一个毕生"投身于民族解放事业"的"战士"。虽为"战士"，但曼德拉更是一个内心宽恕者，一个大爱无疆者，正是宽恕，让他获得了诺贝尔和平奖。曼德拉的宽恕，与中国儒家传统中的"忠恕之道"，在内质上是完全相通的。

　　宽恕、宽容，一直是中国人最重要的思维方式与处世原则，遇事先从宽容处着眼，这几乎成了中国人思考问题的一个思维原起点。

　　宽容是儒家文化中最生动的元素，这种元素在全球化的今天，能让世界其他民族都能感到温暖。之所以儒家文化能得到他族文明越来越多的认同与尊重，究其根源，就是儒家文化中这些能让人感动、温暖的元素，能细腻地触摸人类心灵的最柔弱处。

　　人类心灵的最柔弱处，太需要这种精神力量的抚慰了，不然，人类的心灵世界将因过于坚硬而无比荒凉。

　　老祖宗孔子很早便立下了"恕"的箴规，福泽炎黄子孙。

　　《论语·里仁》篇：

　　子曰："参乎，吾道一以贯之。"曾子曰："唯。"子出，门人问曰："何谓也？"曾子曰："夫子之道，忠恕而已矣。"

　　一定要看到孔子与曾参这段对话中的机妙：首先是孔子告诉曾参，他所主张的"道"是"一以贯之"的，也就是他所张扬的"道"，无论外在条件、环境如何变化，但"守道"的本旨从来不会改变！后面由曾参说出孔子的不变的"道"，就是"忠恕"，所谓"恕"即宽容。孔子的"道"，亦即儒门之"道"，虽然不能说只是"忠恕"这一主体元素，但最少能肯定，曾参的话肯定了"恕"在儒家之道中的重要地位。

曼德拉：夫子之道，忠恕而已矣

其实，一般认为，"仁"是孔子思想的核心，以今之眼光加以审照，仁与恕，在内里是完全相通的，所谓"宽仁"并举，也是儒家的常用说法。这样看来，将宽恕、宽容视为孔子思想的核心，也并非不可。

《论语·公冶长》又曰：

子曰："伯夷、叔齐，不念旧恶，怨是用希。"

钱穆先生对孔子的这句话，有一段评论，颇有启发，钱穆先生说：

子贡明曰："伯夷叔齐怨乎？"司马迁又曰："由此观之，怨邪非邪？"人皆疑二子之怨，孔子独明其不怨，此亦微显阐幽之意。圣人之知人，即圣人之所以明道。

伯夷、叔齐，在孔子的眼里，是"希怨"的人，也是宽恕者，孔子心里充满宽恕之情，所以看一切人都是宽恕者。

孔子的宽恕、宽容思想，已经是中国人的精神基因，一代又一代接力传递，绵延至今。当今国宝级画家黄永玉先生，在接受采访时的一个说法，感人至深。黄永玉先生说他死后，只会在他的墓碑上写上"宽容""爱"几个字，而不会留下其他！一个历经磨难的老头，一个创作阜富的智者，一个令人尊敬的长者，在他走到人生的峰顶时，他的内心又回到了孔子的箴规那里。

1993年诺贝尔和平奖获得者曼德拉，是个内心博大的宽恕者。

曼德拉的宽恕，与孔子的"仁"可以隔代呼应，与儒家文化中的"恕"可以跨国握手。

纳尔逊·曼德拉这个名字非常有意思，其义为"自找麻烦的人"。曼德拉降生后，父亲送给他的第一份礼物便是这个名字。曼德拉的父亲为什么给曼德拉取这么个意味深长的名字，原因已不可知。现在可知的就是，这个"自找麻烦的人"，将所有的麻烦都自己揽了，而以宽容的心对待所有的人，无论是朋友，还是敌人，皆如此！曼德拉的宽容获得了世人的无比尊重，他不仅获得 1993 年诺贝尔和平奖，而且在 2009 年，联合国大会为表彰他对和平与自由的贡献，宣告将 7 月 18 日，也就是曼德拉的生日定为"纳尔逊·曼德拉国际日"。

曼德拉成为永远被世界记住的一个有宽容灵魂的人。

曼德拉是在南非这块神奇的土地上，在村口的大树下，在老人讲故事的声音里，慢慢长大的。南非土地上神奇的故事，滋养着曼德拉的内心，南非的贫苦、所遭受的灾难与歧视，也慢慢进入了他的思考中，他时时会追问：我们的祖先是偷牛贼吗？白人侵略我们时，我们的祖先难道不会反抗……

年岁增长，曼德拉逐渐明白了南非民族为什么深受压迫，他无数次在内心重复："以一个战士的名义投身于民族解放事业。"曼德拉以悲悯的眼光看着灾难深重的南非大地，他的愤怒不是基于个人，而是基于对南非人民苦难的深切同情，这种同情，即是孔子式的"仁"，即是"忠恕"，曼德拉的宽仁，首先是他作为总统，对自己人民的深爱。

曼德拉一生有 27 年被关押在罗本岛监狱。罗本岛监狱是孤岛式监狱，建立在一座四面环海的孤岛上，囚犯能看见大陆，可逃跑却万万不能，因为环绕小岛的冰冷海水里多有凶猛的鲨鱼，一跳下去，必定成为鲨鱼的美食！无法想象，没有一颗宽容、平和、博大的心，一个人能在狱中待 27 年而不崩溃！而且，关押曼德拉的单人牢房极其狭小，他在牢房中走三步，就会碰到墙壁；躺下来，头和脚都能碰到冰冷潮湿的水泥墙；牢房里没有床，没有桌椅，曼德拉只有三条破旧的薄毛毯来御寒。

恶劣的生活与境遇，不能摧毁的，便是内心宽容与平和者。更何况，曼德拉是一个内心正直的宽容者！

1964 年，曼德拉被判终身监禁，他进行了长达四个小时的声明，最后他这样结束自己的表达：

我已经把我的一生奉献给了非洲人民的斗争，我为反对白人种族统治进行斗争，我也为反对黑人专制而斗争。我怀有一个建立民主和自由社会的美好理想，在这样的社会里，所有人都和睦相处，有着平等的机会。我希望为这一理想而活着，并去实现它。但如果需要的话，我也准备为它献出生命。

这是曼德拉的宏大理想，他的宽仁，最终上升到了一个"民主"与"自由"的高度，这是不是与儒家的"大同"理想，有着内在的相通呢？

27 年的牢狱生活，终于在世界舆论的压力面前，在曼德拉 71 岁的时候，他走出了监狱的大门。出狱那天，世界各国来采访他的记者多达 2000 人，曼德拉的第一张出狱照价格也高达百万美元。

有人问曼德拉出狱后，是不是很怨恨？曼德拉说："当我走出囚室，迈向通往自由的大门时，我已经清楚，自己若不能把悲痛与怨恨留在身后，那么我其实仍在狱中。"

曼德拉的睿智之语，能震撼所有人的灵魂！

有多少人，不能将怨恨与悲痛扔掉，背着一副沉重的怨恨行囊，踽踽独行，最后将背压弯，将脊柱压折！

曼德拉：夫子之道，忠恕而已矣

而像曼德拉这样能抛掉怨恨的人，会一身轻松，再走向一个新的人生峰顶。

"若不能把悲痛与怨恨留在身后，那么我其实仍在狱中。"所有不宽恕者，都应记住这句灵性的告诫。

出狱后，曼德拉在他的总统就职典礼上，做了一件非常温暖的事情。他在欢迎来宾致辞后说："使我最高兴的是，当初在罗本监狱看守我的 3 名狱警也能到场。"曼德拉向来宾介绍他们，然后恭敬地向曾关押他的看守致敬。曼德拉此举令在场的所有人肃然起敬。

曼德拉的举动，应该令所有的人都内心有所触动。

曼德拉的宽容，也表现在他无处不在、无时不有的幽默上。

2000 年，南非全国警察总署发生一件严重的种族歧视事件：在总部大楼的一间办公室里，当工作人员开启电脑时，电脑屏幕上的曼德拉头像竟逐渐变成了"大猩猩"的头像。这无疑是对令人尊敬的曼德拉的一种侮辱，也是对南非人民的一种公开挑衅。

南非人民非常气愤，但曼德拉却非常平静。几天后，在参加地方选举投票时，当工作人员例行身份证检查时，曼德拉笑着说："你看我像大猩猩吗？"逗得在场的人笑得合不拢嘴。

一生都在用宽容的心态战斗的曼德拉，经历了半生牢狱之灾，对这种把戏，只需要一次幽默的反问，便可将之抛诸身后。

曼德拉和南非人民一样，不愿意背着这些无关紧要的东西前行，他们的肩上扛着更为重要的东西。

在南部非洲发展共同体首脑会议上，曼德拉发表了精彩的演讲。发言进行到一半时，他发现讲稿的页次弄乱了。这本来是一件很尴尬的事情，但曼德拉的幽默劲儿又上来了，他一边翻一边说："我把讲稿的次序弄乱了，你们要原谅一个老人。不过，我知道在

曼德拉：夫子之道，忠恕而已矣

座的一位总统，在一次发言中也把讲稿页次弄乱了，而他却不知道，照样往下念。"刚说完，会场就爆发出一片掌声和笑声。

在 27 年的牢狱生涯中，曼德拉学会了用木炭和蜡笔绘画来对抗那种能随时将人击垮的孤独，也用绘画来陶铸自己内心的宽容。渐渐地，他形成自己独有的画风：线条简单，色彩明快。出狱后，他仍然没有忘记拿起画笔来表达自己的人生感受，他的绘画作品表现的重要主题，就是展示他的监狱生活，84 岁时他还在南非举办了这方面的个人画展。曼德拉的铁窗生活主题绘画作品，完全没有常人想象中的黑暗、恐怖、阴森，相反，这些作品色彩丰富且明快，画面简洁。这些作品，正传达着曼德拉内心的宽容豁达与乐观积极。

物欲滔天，吞噬人心，人极容易把自己变成一头负累的蒙眼骡子，疲惫不堪地原地打转。时下的中国，很多人都削尖脑袋往前挤，寻找机会，不愿停下来，温情地打量一下身旁的人。人的内心，被物欲挤占，我们曾有的"宽恕"之美，也似乎在一丝一丝地被消耗掉，我们为什么现在总会感到人心不古、传统消亡？原来，是因为像"宽恕"这样的积极元素，正在游离我们的内心。

还想再讲述一个"宽容"的例子，这个例子里的"宽容"，得用心体会一下才能寻觅到，但其中有深意。

俞敏洪和新东方是大家都熟悉的，不必赘述。

在北京大学 2008 级新生的开学典礼上，俞敏洪作为北大办学以来唯一被邀请讲话的校友代表，作了一次生动的演讲。俞敏洪的演讲稿在网络上流传甚广，这确实是一份有阅读厚读的演讲稿。其中有两段，让我们能看到宽容与成功的关系。

第一段是这样的：

我也记得我的导师李赋宁教授，原来是北大英语系的主任，他给我们上《新概念英语》第四册的时候，每次都把板书写得非常的完整，非常的美丽。永远都是从黑板的左上角写起，等到下课铃响起的时候，刚好写到右下角结束。（掌声）我还记得我的英国文学史的老师罗经国教授，我在北大最后一年由于心情不好，导致考试不及格。我找到罗教授说："这门课如果我不及格就毕不了业。"罗教授说："我可以给你一个及格的分数，但是请你记住了，未来你一定要做出值得我给你分数的事业。"（掌声）所以，北大老师的宽容、学识、奔放、自由，让我们真正能够成为北大的学生，真正能够得到北大的精神。当我听说许智宏校长对学生唱《隐形的翅膀》的时候，我打开视频，感动得热泪盈眶。因为我觉得北大的校长就应该是这样的。（掌声）

第二段是这样的：

我再来讲一下我自己的故事。在北大当学生的时候，我一直比较具备为同学服务的精神。我这个人成绩一直不怎么样，但我从小就热爱劳动，我希望通过勤奋的劳动来引起老师和同学的注意，所以我从小学一年级就一直打扫教室卫生。到了北大以后我养成了一个良好的习惯，每天为宿舍打扫卫生，这一打扫就打扫了四年。所以我们宿舍从来没排过卫生值日表。另外，我每天都拎着宿舍的水壶去给同学打水，把它当作一种体育锻炼。大家看我打水习惯了，最后还产生这样一种情况，有的时候我忘了打水，同学就说"俞敏洪怎么还不去打水"。（笑声）但是我并不觉得打水是一件多么吃亏的事情。因为大家都是一起同学，互相帮助是理所当然的。同学们一定认为我这件事情白做了。又过了十年，到了九五年年底的时候

曼德拉：夫子之道，忠恕而已矣

新东方做到了一定规模，我希望找合作者，结果就跑到了美国和加拿大去寻找我的那些同学，他们在大学的时候都是我生命的榜样，包括刚才讲到的王强老师等。我为了诱惑他们回来还带了一大把美元，每天在美国非常大方地花钱，想让他们知道在中国也能赚钱。我想大概这样就能让他们回来。后来他们回来了，但是给了我一个十分意外的理由。他们说："俞敏洪，我们回去是冲着你过去为我们打了四年水。"（掌声）他们说："我们知道，你有这样的一种精神，所以你有饭吃肯定不会给我们粥喝，所以让我们一起回中国，共同干新东方吧。"才有了新东方的今天。（掌声）

俞敏洪这两段妙趣横生的话，是否能让人感受到宽容、不事事计较的那股巨大力量？这种力量，总会在若干年以后，不经意就迸发出来，令人惊叹不已。

宽容既是我们的古训，也是人类共通的精神因子，所以，不管是孔子也好，曼德拉也好，儒教也好，基督教也好，只要有宽容的倡导，我们都觉得内心温暖。

宽容是亲和剂，能让人获得更多的朋友，这些朋友往往能帮你解决最棘手的问题。多一份宽容，就多一份成功的机会。

曼德拉：夫子之道，忠恕而已矣

李政道："坚忍"之恒道

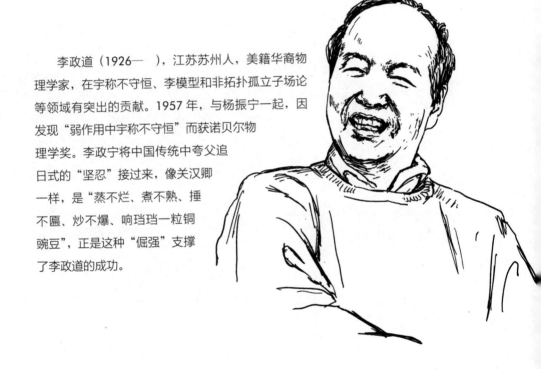

　　李政道（1926— ），江苏苏州人，美籍华裔物理学家，在宇称不守恒、李模型和非拓扑孤立子场论等领域有突出的贡献。1957年，与杨振宁一起，因发现"弱作用中宇称不守恒"而获诺贝尔物理学奖。李政宁将中国传统中夸父追日式的"坚忍"接过来，像关汉卿一样，是"蒸不烂、煮不熟、捶不匾、炒不爆、响珰珰一粒铜豌豆"，正是这种"倔强"支撑了李政道的成功。

有这样一则谐谈，机智而幽默。说的是"成功的秘诀是什么"这一话题，各有所答——

风说："拼命吹！"

照相机说："要能拍！"

蚊帐说："要罩得住！"

钉子说："无孔不入！"

刀子说："口锋要锐利！"

火说："有扫荡黑暗带来光明的本事！"

茶壶说："不要被人牵着鼻子走！"

这真是一只倔强的茶壶。

李政道正好就是一只这样的茶壶，这只茶壶从年轻至年迈，都拒绝被别人左右。他的思维像根极有韧劲的牛皮筋，只按自己预设的方向绷紧，所以，这只茶壶倒出的茶，醇厚香甜，余味绵长。

1957 年，李政道获诺贝尔物理学奖，获奖时他只有 31 岁。自诺贝尔奖设立以来，他是第二位最年轻的获奖者。孔子说"三十而立"，最少在学问上，李政道应了老祖宗那句流传了几千年的期盼之语。

李政道并非早慧之人，少年时，他只是个勤奋的读书郎。正像鲁迅先生那样，李政道读书，惜时如金，不放过一分一秒的闲余时间。读书时惜取寸阴，李政道是地道的"蹲厕"一族，就是上厕所也舍不得放下书本的那种人，即便忘记拿手纸了，而书总是不离手。

李政道身逢乱世，灾难频仍。战火所及，于常人，顾命不暇，

李政道："坚忍"之恒道

041

何来那闲工夫读书？而李政道这只倔强的茶壶，虽然辗转流离，却是爱书如命。抗日战争时期，李政道辗转到大西南求学，一路上把衣服丢得精光，但书却一本没丢，而且还抓住几个合适的"淘书"机会，弄到了一些好书，李政道这个"书痴"，有股拼命三郎的倔劲！这股劲，是撑着他思维中那根极韧挺的牛皮筋无穷反弹的最重要的力量。

正因为一股倔劲支撑着他能穷理尽学，李政道能以勤奋弥补天资中那极小的一丝欠缺，并且很快便超拔于同代人之上。有这样一则趣事，足为佐证。在江西联合中学读书时，某一天，学校极为严格的训导主任突然把李政道叫走了！"出什么事了呀？是不是弟弟调皮犯错误了？"与李政道同校读书的哥哥很是着急。后来，李政道回来告诉哥哥："因为打仗，学校里没老师，我成绩好，学校请我当'小先生'，代上数学和物理课。"原来是这么一回好事，哥哥还以为是李政道触犯了校纪校规而被责罚！李政道的"小先生"当得非常滋润，他深入浅出的讲解，深为同学喜欢。

李政道和杨振宁以"弱相互作用下宇称不守恒定律"而获奖。能获此殊誉，与他不被人牵着鼻子走、在任何情况下都能坚持自己的判断这股倔劲密切相关。

在李政道与杨政宁提出这一理论之前的相当长一段时间里（约三十多年），物理学界普遍都不会对自然界的基本定律——宇称守恒定律产生怀疑，因为这在当时的物理学界，早已视为被实验证明了的"铁律"，这个研究领域早就铁板一块了，折腾不出什么新意。

事实果真如此？这一"铁律"就无懈可击？"宇称守恒定律"这个小系统，真是完美而自足？

李政道并没有被既成结论左右自己的思维，他和杨振宁瞧出了之中的破绽，他们看到了：在强相互作用中宇称守恒定律成立，但在弱相互作用中也一样成立吗？它会不会受到破坏？环境变化了，那些被视作"铁律"的定律可能不再成立，他们这样猜想。

带着这个猜想，李政道和杨振宁仔细检查了过去的所有实验，每一个细节都仔细考察，最后发现，在一大类的物理过程（β衰变、π衰变、μ衰变）中，宇称守恒从来没有被检验过。在这一物理过程中，宇称守恒与否，有待证明，不能遽断。他们设计了进行这种检验的一系列实验条件，最后证明在弱相互作用下宇称不守恒。

这是一个划时代的发现。

当几乎所有的理论物理学家相信空间反演（即所谓的宇称）的不变性已被实验明确无误地证实后，几乎没有实验物理学家试图设计实验来向宇称守恒定律挑战，而李政道与杨政宁却发现了这个惊天破绽！今天，物理学界将对称破绽视为自然界的普遍规律，而在20世纪50年代中期以前，这样的说法是不可想象的。

李政道与杨振宁的工作迅速得到了科学界的认同，在发现的第二年就获得了诺贝尔物理学奖。一项科学研究工作在问世的第二年就能获得诺贝尔奖，这还是第一次！

后来，李政道在谈到自己的获奖原因时，一再地提到："搞科研不能跟着人家跑。"如果当时他们的思维跟在别人后面跑，那永远也跑不到"强相互作用"的反面——"弱相互作用"这个方向来。

在一般情况下，思维的惯性运动方式就是跟着别人跑，习惯于被人牵着鼻子转。这其中的原因，既有人先天的惰性，亦有躲避风险的意图，也有不敢第一个吃螃蟹的盘算等等，不一而足。所以，要想成功，必须突破惰性与陈规，做一只倔强的茶壶。

下面再展示几款这样的茶壶，与李政道有同妙，也都因思维的与众不同而走向成功。

齐桓公与鲍叔牙。

其实，齐国虽在当时称霸东方，为五霸之一，但是，像齐桓公这样眼光独到、不被常规牵着鼻子走的主，在齐国是不多见的。齐桓公能得管仲这样的贤才，重要原因之一是有鲍叔牙的帮助。《史记·管晏列传》中载管仲：

> 少时常与鲍叔牙游，鲍叔知其贤。管仲贫困，常欺鲍叔，鲍叔终善遇之，不以为言。

管仲当时默默无闻，可能还有点游手好闲的浪荡劲，鲍叔牙何以认为管仲为"贤"呢？《史记·管晏列传》中载有管仲夫子自道式的说明：

> 吾始困时，尝与鲍叔贾，分财利多自与，鲍叔不以我为贪，知我贫也。吾尝为鲍叔谋事而更穷困，鲍叔不以我为愚，知时有利不利也。吾尝三仕三见逐于君，鲍叔不以我为不肖，知我不遭时也。吾尝三战三走，鲍叔不以我怯，知我有老母也。公子纠败，召忽死之，吾幽囚受辱，鲍叔不以我为无耻，知我不羞小节而耻功名不显于天下也。生我者父母，知我者鲍子也。

鲍叔牙基于对管仲的了解，所以，不以常人的眼光看待管仲。以是观之，鲍叔牙算得上是有主见的人了。但是，齐桓公比鲍叔牙更有独特的眼光，要知道，鲍叔牙向齐桓公推荐管仲，那可是要冒大风险的，因为"鲍叔事齐公子小白，管仲事公子纠"，小白即齐桓公，公子纠为齐桓公弟弟，两兄弟为争夺谁当家打得头破血流一地鸡毛。而且，管仲事公子纠，还差点杀了齐桓公小白。鲍叔牙将一个政敌、一个仇人推荐给自己的上司，这是提着脑袋才能干的活，一般人做不来。如果从这个方面来讲，鲍叔牙又是个不拘常规的高人！

当然，齐桓公更为高明！他不仅接受了鲍叔牙的推荐，而且将管仲纳入自己麾下。

后人但知管仲助齐桓公成就霸业，而对齐桓公那特异的用人眼光，则常忽于考视，其实，后人更应该看到齐桓公与鲍叔牙那不被常规牵着鼻子走的思维方式。

再如李贽。

晚明思想家与文学家李贽，其狂狷不羁，人所共知。这一粒响当当、格格不入于世的"铜豌豆"，最能打动后人之处，便在于他的思维总与众不同，他总不能与俗同化，被人牵着鼻子走，李贽形象的特立独行，即源于此。如李贽读书，手眼便必异于常人，北大著名学者陈平原评李贽曰："李贽的读书，特有眼光，别出手眼，经常能发千古之覆。"至为正确，李贽的文名能千古流传，打动一代又一代读者，就在于他总能发现些新东西，给后人以新的味道，如《焚书·党籍碑》中一段：

> 卓吾曰：公但知小人之能误国，不知君子之尤能误国也。小人误国犹可解救，若君子而误国，则未之何矣。何也？彼盖自以为君子而本心无愧也。故其胆壮而志益决，孰能止之？

君子与小人误国之辨，意何其新而论何其精耶！读这样的文字，内心又何其快哉！

从齐桓公、鲍叔牙到李贽，从李贽再到李政道，虽相隔千载，但风格尽同，即他们都是那种胎质相同的倔强茶壶，思维永远不被人牵着鼻子走。

丘吉尔：永不言败的"行健"者

　　温斯顿·伦纳德·斯宾塞·丘吉尔（1874—1965），英国政治家、历史学家、演说家、作家。他的作品，如《第二次世界大战回忆录》《英语民族史》，为世人所熟知，他因《不需要的战争》获 1953 年诺贝尔文学奖。丘吉尔是头永不言败的"狮子"，他的这种精神，不仅诠释"失败乃成功之母"，而且与中国传统中的"行健""自强"精神，完全相通。

走到成功的那地儿，抱得成功归，其实，并不需要挖空心思，费尽周章。

一些简单但屡试不爽的成功思维方法，小时候我们就学会了，只是在慢慢长大的路途中，不经意就将它忘记了。

比方说，碰到失败，不轻言放弃，就能成功。

丘吉尔就说：

"Success is stumbling from failure to failure with no loss of enthusiasm."（成功就是不断失败不失信心。）

可是，真遇到了失败，有多少人还会这么思考问题？

当然，丘吉尔是这么想问题的，所以他是个成功者。

丘吉尔是英国的"狮子王"———一个永不言败的勇敢者。"由于他精通历史和传记的叙述，同时也由于他那捍卫崇高的人的价值的光辉演说"，丘吉尔获 1953 年诺贝尔文学奖。

一个政治大家，因为天才的演讲，而获诺贝尔文学奖，获奖主体、获奖原因、获奖结果三者之间，颇有戏剧性的关联。

丘吉尔有很多永不言败才能成功经典名言，除了上面提到的那句，还有如：

"In War: Resolution, In Defeat: Defiance, In Victory: Magnanimity, In Peace: Good Will."（战争中，决心；失败中，不屈；胜利中，慷

丘吉尔：永不言败的「行健」者

慨；和平中，好意。）

"Success is not final, failure is not fatal: it is the courage to continue that counts."（成功不要紧，失败不致命。继续前行的勇气，才最可贵。）

这是因为，丘吉尔从来就不是个聪明绝顶的人，他需要无数次面对失败，才能取得成功。所以，他时时得这么想，这么提醒自己：永不放弃，永不言败！

丘吉尔小时候，根本看不出有成为政治大家的迹象，倒是能看得出无限失败的可能。丘吉尔有一篇短文，据说已收入中国的初中语文教材，题为《我的早年生活》，就提到了小时候的他如何被失败"纠缠"：

刚满12岁，我就步入了"考试"这块冷漠的领地。主考官们最心爱的科目，几乎毫无例外地都是我最不喜欢的。我喜爱历史、诗歌和写作，而主考官们却偏爱拉丁文和数学，而且他们的意愿总是占上风。不仅如此，我乐意别人问我所知道的东西，可他们却总是问我不知道的。我本来愿意显露一下自己的学识，而他们则千方百计地揭露我的无知。这样一来，只能出现一种结果：场场考试，场场失败。

他好不容易进入哈罗公学后，因为成绩差：

结果，我当即被编到低年级最差的一个班里。实际上，我的名字居全校倒数第三。而最令人遗憾的是，最后两位同学没上几天学，就由于疾病或其他原因而相继退学了。

　　所以，从小时候开始，丘吉尔就得不断地提醒自己：我不会失败！因为年幼时，父亲总认为他是个没出息的人。丘吉尔的父亲才华横溢，而做儿子的丘吉尔却显得很笨，成绩非常不好，特别是数学和科学成绩，差得让父亲只想揍他屁股。但丘吉尔不服输，他认为自己能做好事情，能取得好成绩。

　　丘吉尔因精彩的演讲而获奖，可是谁又能想到，这位被誉为"世纪演说家"的演讲天才，幼年时曾有严重的语言障碍呢！即使到了青年时期，丘吉尔也特别害羞，一讲话就脸红。

　　真是屋漏偏逢连夜雨，船破又遇打头风，不幸与不利，有时候就会跟着同一个人，像疯狗一样死咬着不放！丘吉尔要摆脱不幸与不利，他只能时时提醒自己：不能放弃，不能言败。

　　丘吉尔当然不会让自己失败，他每天对着镜子练习演讲，自讲自听，每一个词，每一个语调，每一个神态，都认真琢磨，同时在现实生活中大胆地讲，克服自己胆怯的毛病，很快，丘吉尔就有语惊四座的口才了。

　　丘吉尔有着演说家的幽默与机智，非常注重演讲的趣味性，这为他赢得了不少掌声。有一次在台上演讲，台下递上来一张纸条，上面只写着两个字："笨蛋！"丘吉尔知道台下有人捣乱，灵机一动，神色轻松地说："刚才我收到一封信，可惜写信人只知道署名，忘了写内容。"开脱了自己，又为演讲带来笑声，一箭双雕。

　　当然，丘吉尔在其他很多时候也是幽默达观的。沙场老将，有时会幽默地告诉你："世界上最刺激的事莫过于被打了一枪，子弹却射歪了。"

　　1948年，丘吉尔应邀进行了一次"成功奥秘"的讲座，当时的丘吉尔已经走到了成功的顶峰，多少人都期待着分享这位功成名就的首相的成功经验。但是，丘吉尔生命中的最后一次演讲，他只讲了三句话："永不放弃！永不放弃！永不放弃！"

这就是老丘吉尔成功的原因，是他一生最精华的经验。丘吉尔演讲最能吸引人的地方，就在于他是用心在演讲，用心在号召人们！

丘吉尔性格中最坚硬的部分就是他永不言败！

他从未上过大学，但知识渊博，多才多艺。丘吉尔非常尊重自己的传统文化，敬畏自己的母语——英语。他也曾说："热爱传统从来没有削弱过一个国家，传统就是生死时刻用来救命的。"

这句话，真值得那些数典忘祖的人反复咀嚼。

丘吉尔非常勤奋，从年轻到年老一直都如此。他年轻时驻军于印度南部，"每天阅读四小时或五小时的历史和哲学著作"。柏拉图、吉本、叔本华、莱基、马尔萨斯等著名思想家、哲学家、历史学家的著作，他都有广泛而细致的阅读。正是因为有广博的阅读，他才有资本从失败手中夺回属于自己的成功。

丘吉尔是著作等身的政治家，虽然他曾幽默地说："写书就像冒险。一开始它是玩具和娱乐，然后她成了你的情妇，然后是你的主人，然后变成一个暴君，最后你终于认命的时候，它死了，然后给拖到外面游街。"

丘吉尔一生共写了 26 部专著，几乎每部著作出版后都在英国和世界上其他国家引起轰动，获得如潮好评。《星期日泰晤士报》曾说："20 世纪很少有人比丘吉尔拿的稿费还多。"

丘吉尔长期受忧郁症的折磨，他管忧郁症叫作"黑狗"，这条"疯狗"不停地追咬他，他得不停地与之战斗，然后才能让自己以钢铁般的姿态、超清晰的思维去面对风云变幻的国际局势。当然，丘吉尔打败了这条"疯狗"，他相信自己："我怎么会败下来呢！"

丘吉尔从不在部队、国民或敌人面前显示怯懦。而且，他会

丘吉尔：永不言败的「行健」者

将自己的勇敢传递给其他人，感染其他人，以致别人会这样形容："没人走出他的办公室时，还觉得胆怯。"丘吉尔有个爱好，就是当炸弹落下时，他常上楼探头出去，以便清晰地看到炸弹落下的轨迹。

大战结束后，丘吉尔给了自己一句很有意思的评语："是海内外的英国民众拥有一颗狮子心，我只是有幸号召来替大家发出怒吼罢了。"丘吉尔狮子般的怒吼，带着英国一步步走向胜利。

丘吉尔的成功思维，最值得我们现时的年轻一代借鉴。

因为现在的年轻一代人，对失败的承受能力实在是太差，有很多人实际上放弃了对失败的抵抗！

那些时时见诸报端的自杀事件，触目惊心。

如 2006 年 10 月 31 日，清华大学学生洪乾坤跳楼自杀。这个在中国最好的学府里读完本科又读研究生的年轻生命，就这样如烟一样散灭了，他为养育他的家庭、国家留下了什么呢？

洪乾坤留下的日记，里面的文字是这样的："对不起，我找不到工作……爸爸妈妈，儿子不孝，找不到工作……不愿意成为家里的拖累，这就是我选择……"

找不到工作，只是暂时的失败，可以有很多克服的方法，难道一定得用死亡来解决？这个逻辑存在太大的问题。丘吉尔曾说："你有敌人？很好。这说明在你的生命中的某个时刻，你曾经呐喊过。"找不到工作，只是面临暂时的敌人，有这样的敌人，在丘吉尔式的人那里，是他人生中最庆幸的事，因为他终于有了呐喊的机会！而在那些自杀的懦夫那里，却成为悲剧的触发点，这样的人没有呐喊，只是自己闭上了嘴！

不禁想到了国学大师、令人尊敬的启功先生。一生坎坷但人生丰富的启功先生，在年轻时，也曾被别人"炒鱿鱼"。北师大的老

丘吉尔：永不言败的『行健』者

校长陈垣曾推荐启功到原北京师范大学附属中学做教师，但因为启功先生没有文凭，最后被校方开除。启功曾作《沁园春》词，以自况当时景象："检点平生往日，全非百事无聊，计幼时孤露，中年坎坷，如今渐老，幻想俱抛。"但启功先生的乐天性格，全当这是上天给自己开的一个善意的玩笑，没有什么过不去的坎！这不，陈垣先生的慧眼再次给启功一个机会，让他留在北师大工作，并跟随自己学习。启功毕生感谢陈垣先生的赏识，勤奋耕耘，终成一代大家。

丘吉尔也好，启功也好，这些前贤都在告诉后人怎样思考，怎样成功：在任何时候，在任何困难面前，如果都能像丘吉尔、启功那样永不言败，勇敢地面对所发生的一切，那么，人身上的每一个细胞都会活跃起来，帮你最终找到解决问题的办法。在失败的时候，何不像丘吉尔那样在脑袋里给自己提个醒："我怎么会败下来呢！"

丘吉尔：永不言败的「行健」者

蒙代尔：领异标新

蒙代尔（1932—　），出生于加拿大，被誉为"欧元之父"，对制定欧洲共同货币——欧元，贡献极大。由于蒙代尔对分析不同汇率制度下的货币和财政政策，以及对最优货币区理论的卓越贡献，1999 年的诺贝尔经济学奖颁给了他。蒙代尔是个永不停息的标新立异者，中国传统文化的创新精神源远流长，"周虽旧邦，其命维新""苟日新，日日新，又日新""删繁就简三秋树，领异标新二月花"，均彰此意。

有可能，在所有诺贝尔奖获得者中，蒙代尔是最标新立异的一位。

有人说，拒领诺贝尔文学奖、个子矮小而又生性好斗的萨特，其特异之处不输于蒙代尔。最少，蒙代尔领奖了，而萨特连奖都懒得领！

这又让人想起陈平原先生评价晚明的两个"异人"：李贽与陈继儒。

陈平原说李贽："李贽的标举'异人'，是相对于传统的'中行'而言的。也就是说，他把'异人'解读为不理会社会常规的英雄、豪杰、狂者、妖人等。"

陈平原说陈继儒："陈继儒的'标新立异'，则是另外的一个路子。他也说'异'，但他的'异'只是异于常人。……换句话说，陈继儒在晚明最大的特色，在于以一布衣而得天下大名。"

如果进行一个替换，蒙代尔有点像李贽，一个真正的"标新立异者"，他在20世纪80年代初便被列为诺贝尔奖候选人，但因"举止怪异、行为不检"而被除名。而他获奖后，《纽约时报》对他的描写也极为有趣：

我行我素、标新立异。不仅在观点上与主流学界格格不入，生活上更是别具一格：经常躲在画室，一画就是几天。常常独自一人通宵达旦看电视，自己心目中最聪明的人是美国几个脱口秀主持人。长发披肩是哥伦比亚的校园风景，课堂上不修边幅早就出名。

蒙代尔：领异标新

蒙代尔非"中行"者，而是英雄、豪杰、狂者一路的人，而他长发披肩的"披头士"形象，更多具有艺术家的气质，这在常人看来，也多少有些"妖"气。

而萨特拒绝一切官方荣誉，包括拒领诺贝尔奖，让他正好具备了陈继儒式的"布衣"身份，说到底，萨特最大的特异，也就是"以一布衣而得天下大名"。

所以，相较而言，世人更喜欢蒙代尔式的狂狷。蒙代尔的标新立异，能令人内心痛快淋漓，直呼快哉！

1932年，蒙代尔出生于加拿大安大略省的一个偏僻小镇。当时，蒙代尔读书的条件非常简陋，镇上只有唯一的一所小学，而这所小学又只有一间小教室，不同年级的十几个小学生凑在一块上课，高年级的学生既是学生又是老师。

蒙代尔并不认为简陋的读书条件是件坏事，相反，他觉得这样的混读方式特别有趣。在这样的"袖珍班级"里，小伙伴互相帮助，融洽相处，学习时你追我赶，很有竞争性，甚至一些知识是要六年级学的，可能一年级时就学到了。从小镇学童中走出来的一代宗师，在日后的记忆里，对这段混读的学习时光非常怀念。

蒙代尔在经济学历史上享有崇高地位。那些看似异常复杂、无从下手的问题，他有魔力能独辟蹊径，巧妙解决，其模型之简洁、含义之丰富令人叹为观止。那么复杂诡异的难题，他用极其简单的理论来解释，初看起来难以置信，细究之后却如醍醐灌顶。

比如欧元。

蒙代尔有"欧元之父"之称，欧元是他经济智慧的产物。现在，欧元已经成了一种世人耳熟能详的"钱"，正如人民币、美元一样。浅显一些地比附，欧元的催生者蒙代尔，有点像中国历史上的秦始皇，最少局部地、区域地统一了欧洲货币，秦始皇统一货币

蒙代尔：领异标新

之于中国的意义，也可移用于蒙代尔的欧元对欧盟的意义。

蒙代尔行事潇洒，不滞于物，总要折腾出一些新花样。

比如在诺贝尔奖领奖致辞时，蒙代尔便与众独异：他是唯一一位在诺贝尔颁奖典礼上唱歌的获奖者。

按规定，获诺贝尔大奖的人，在颁奖典礼上，每人都要发表一次演讲，时间大概为 2 到 3 分钟。这个环节，往往成为获奖者最痛苦的环节，因为，大家都觉得，说些陈腔滥调式的感谢话，太乏味了，说得尖锐些，又怕颁奖方受不了，要知道，获奖演说言辞不当，是要承担取消获奖资格的巨大风险的，谁也不敢冒这个险！获奖已是千难万难，在手快要碰到奖杯时又被取消，这样的赔本买卖谁也不会做！所以，这个度，殊难拿捏。

蒙代尔见大家都是西装革履的，穿得非常正式，往台上一站，又会变得特别严肃，他想："我为什么不来点轻松有趣的呢？"

于是，他就唱了这首歌：

I've loved, I've laughed, I've cried, I've had my feel, my share of losing, but then, when tears slip aside, I find it also amusing. Do you think I did a lot and may I sing it in a shy way, oh no, oh no not me, I did it my way.（我爱过，我笑过，我哭过，也尝过失败的滋味，当泪水模糊了眼睛，我又觉得很好笑，我在众人眼中成就斐然，可我要羞答答地唱道，不，我没什么了不起，我只是走自己的路而已）。

蒙代尔歌惊四座，场面肯定震撼。以歌唱酬答获奖，真是别开生面，但所有人都能接受！

蒙代尔丝毫不忌讳做个公众人物，像明星一样频频出镜，进入公众视野；1999 年创立世界经理人咨询有限公司，并担任主席；2003 年，将公司总部迁至中国，并创建世界经理人网站，玩起了新经济；2004 年 10 月，在北京中关村创立"蒙代尔国际企业家大学"，担任名誉校长。

多年以来，蒙代尔就是以标新立异的姿态活着，正如他所高声吟唱的："I did it my way."（我只是走自己的路而已。）

蒙代尔标新立异的思维，特别值得"中庸"的中国人取法与借鉴。

中国的"中庸"处世理念，于国人言，透肌浃髓，影响极深。所以，标新立异离中国人的思维场域，总是有点遥远。

虽然，三国两晋南北朝时期，被认为是一个能张扬个性、有标新立异的空间的时期，并且，也有阮籍、嵇康等所谓"名士"被贴上了"标新立异"的标签。其实，这时期的名士风流并非真风流，标新立异也多流于"伪"标新立异。鲁迅便对这种"伪"标新立异有去伪的描述，在《魏晋风度及文章与药及酒之关系》中，指出嵇康等人之所以"轻裘缓带，宽衣"，是因为服"五石散"后：

因为皮肉发烧之故，不能穿窄衣。为豫防皮肤被衣服擦伤，就非穿宽大的衣服不可。现在有许多人以为晋人轻裘缓带，宽衣，在当时是人们高逸的表现，其实不知他们是吃药的缘故。

后人所看到的"衣服宽大，不鞋而屐"的"名士"形象，是因为：

吃药之后，因皮肤易于磨破，穿鞋也不方便，故不穿鞋袜而穿屐。所以我们看晋人的画像或那时的文章，见他衣服宽大，不鞋而

蒙代尔：领异标新

屐，以为他一定是很舒服，很飘逸的了，其实他心里都是很苦的。

而"名士"的"扪虱而谈"的标新立异之举，也是因为：

更因皮肤易破，不能穿新的而宜于穿旧的，衣服便不能常洗。因不洗，便多虱。所以在文章上，虱子的地位很高，"扪虱而谈"，当时竟传为美事。

因此，现在有很多人批评魏晋名士是"假名士，真风流"，顺理而出，那个时代也不见得有多少标新立异的元素。

倒是被曹操杀掉的、短命的孔融，在"建安七子"中还有些"标新立异"的血性。

这从《后汉书·孔融传》记载路粹对孔融的控诉书能看得出来。路粹《枉状奏孔融》这样数落孔融：

少府孔融，昔在北海，见王室不静，而招合徒众，欲规不轨。云"我大圣之后，而见灭于宋。有天下者，何必卯金刀"。及与孙权使语，谤讪朝廷。又融为九列，不遵朝仪，秃巾微行，唐突宫掖。又前与白衣祢衡跌荡放言，云"父之于子，当有何亲？论其本意，实为情欲发耳。子之于母，亦复奚为？譬如寄物瓶中，出则离矣"。既而与衡更相赞扬。衡谓融曰："仲尼不死。"融答曰："颜回复生。"大逆不道，宜极重诛。

父子关系，是情欲的结果；母子关系，是房东与房客的关系，这在当时中国的礼法制度下，会引起多大的波澜，可以想见。

完全可以说，孔融就是三国时期的弗洛伊德。或者可以说，弗

061

洛伊德是三国时期的孔融。孔融的惊世之论，早著史册，而当今之中国学界，贩卖弗氏理论者极多，而于孔融之论全然不见，是数典忘祖，还是学识短浅，只有个中之人可体会。

而英、美、法等西方国家，其文化传统以张扬个性、提倡创新为重要内涵，所以，标新立异似乎是西方文明与生俱来的本质，自然而然，不像在中国的文化发展进程中，有几个标新立异的人，也显得忸怩作态，极不自然。

如法国艺术家杜尚，随便从商店里买来个小便池，便有了《泉》这一伟大艺术作品的产生。杜尚具体阐述这件作品的内涵为："这件东西是谁动手做的并不重要，关键在于选择了这个生活中普通的东西，放在一个新地方，给了它一个新的名字和新的观看角度，它原来的作用消失了，却获得出了一个新内容。"整个都是"新"的立意、"新"的视野，但不让人觉得突兀。

最近读到的《有灵性的企业：做美德的生意》一书，既能见出西方传统中一以贯之"标新立异"的传统，又对企业成功殊多启示。

常规思维认为，生意场上，无商不奸，与商人谈美德，总有点与虎谋皮的意思。但《有灵性的企业：做美德的生意》一书却标举新意，以宗教信仰来塑造企业文化，以信仰来形成企业的"灵性资本"：

由信仰所指引的公司会拥有我在本书中所描述的那些美德：能够有足够的勇气和坚韧去追求公司的目标，同时公司也是谦卑的，富有同情心的和饶恕的，可以使企业戒骄戒躁和没有侵略性。企业在全球经济中将不会扮演一个贪婪的掠夺者的角色，而是被接纳为负有责任、勇于提供帮助的合作伙伴，并且企业无论在哪里都会像公民一样表现得当。

作者这样来描述灵性企业的文化，并且列举了诸多商业成功案例，如米勒德和琳达·富勒创办的"人类家园国际组织"：

人类家园国际组织的经济哲学是基于米勒德·富勒所称的"耶稣的经济学"。没有利润，没有利息的项目构成源……其中说到，借钱给穷人钱的人不应该成为收取利息的债权人。人类家园国际组织的志愿者和超过175000户需要的家庭一共在遍及全球的3000个社区里建造房屋。超过90万人通过人类家园的帮助现在能够住上安全、体面、负担得起的住房。

虽然，不能让所有的企业都形成宗教信仰的企业文化，成为灵性企业，但是，这种切入视角是值得所有追求成功的企业仔细琢磨的。

因而，在思维中适度引入标新立异的成分，肯定能离成功更近一步。

库切: 君子慎独

约翰·马克斯韦尔·库切（1940—　），出生于南非的开普敦市，是第一位两度获布克奖的作家，布克奖为英国文学的最高奖项。2003 年，由于"精准地刻画了众多假面具下的人性本质"而获诺贝尔文学奖。库切的《迈克尔·K 的生活和时代》《耻》《福》《等待野蛮人》《内陆深处》等，均是名作。库切的独处，与中国传统文化中的"慎独"智慧，以及隐者的高蹈自厉，都内在相通，值得借鉴。

现在，越来越多的人都能体会到一种刻骨的生存尴尬：都市人群蚁聚，人潮涌动，独处已是难得的奢望；独处缺席，人内心世界丰富所需要的反思空间不复存在，因而精神荒疏，内里贫瘠，人便湮没在密不透风的孤独之中。我们似乎忘掉了古希腊哲学家伊壁鸠鲁的话："被迫置身于人群的时候，往往是最应该自守孤独的时候。"

独处其实是一种非常重要的处世思维和智慧，特别是在内心浮躁的时候，适时地退守某个处所，平心静气地和自己对话，是涤洗灵魂的最好方式。

中国的先民是有独处智慧的，因而我们的独处传统也渊深源厚。

比如屈原，一个"怨怼沉江"者，当与楚怀王的政治对话之门完全被关闭之后，屈原退守内心，虽然愁苦，但正是因为一道门被关之后，另一道门随之被打开，一个"行吟泽畔"的灵魂，能与自己的内心有充分的交流，因而内心也更加丰富，不然，怎么会有《离骚》绝唱？穷亦达，通亦达，穷、通可以瞬间转换，但内心的那份操守因为独处而更丰厚。

《礼记·中庸》言：

天命之谓性，率性之谓道，修道之谓教。道也者，不可须臾离也；可离，非道也。是故君子戒慎乎其所不睹，恐惧乎其所不闻。莫见乎隐，莫显乎微，故君子慎其独也。

　　道，隐而微，需要用独处来体悟，体道悟道，独处而为，因而需谨慎。古人认为，独处是与道的对话，显微阐幽，故而谨慎。

　　又《礼记·大学》说：

　　所谓诚其意者，毋自欺也。如恶恶臭，好好色，此之谓自谦，故君子必慎其独也。小人闲居为不善，无所不至；见君子而后厌然，掩其不善，而著其善。人之视己，如见其肺肝然，则何益矣。此谓诚于中，形于外，故君子必慎其独也。曾子曰："十目所视，十手所指，其严乎！"

　　如果上面《中庸》的慎独，是对"体道"而言，《大学》中的慎独，则是纯对个人日常生活而言。

　　这里值得反问的是，从无边大道至人伦日常，为何都要与独处挂上钩？又为何都要慎独？这不正是先人认为独处之重要而且需敬畏而为之？

　　文人墨客，似乎更喜欢独处。很多精致的诗篇，都是独处时的灵魂对话，读来韵味无穷。

　　如王维，其《竹里馆》：

　　独坐幽篁里，弹琴复长啸。深林人不知，明月来相照。

　　独坐于一处，让灵魂暂时静下来，与明月修竹、流水曲觞温柔地相处一下，美妙的境界自然充溢心胸。王维的这首诗，看上去，什么也没写，平淡如水，但却有很多意思在里面，所以能动人心弦。

　　又如裴迪，其《送崔九》：

归山深浅去，须尽丘壑美。莫学武陵人，暂游桃源里。

这是与友人共勉，一起享受独处之乐。
再如刘长卿，其《送灵澈上人》：

苍苍竹林寺，杳杳钟声晚。荷笠带斜阳，青山独归远。

这种独处时之得，淡淡细细，直入人心。

关于独处，有一点误区还得撇清，那就是，独处有时并不是一个人的事，也可能是一个群体的事。

不禁想起朱学勤先生《思想史上的失踪者》一文。朱学勤先生无限感慨地说："有一段时间，我甚至感觉自己之所以进入思想史，而不是历史学的其他门类，就是为了寻踪他们而来。"一个学者会将他的专业取向，与寻踪一个消失的群体这么紧密地联系起来，这肯定是一个不一般的群体。

朱学勤先生的解释是：

一九六八年前后，在上海，我曾与一些重点高中的高中生有过交往。他们与现在电视、电影、小说中描述的红卫兵很不一样，至少不是打砸抢一类，而是较早发生对文化革命的怀疑，由此怀疑又开始启动思考，发展为青年学生中一种半公开半地下的民间思潮。我把这些人称为"思想型红卫兵"，或者更中性一点，称为"六八年人"。

他要寻找的就是那群"思想型红卫兵"，那批"六八年人"，那群在那个混乱时代里的"独处"者。朱学勤认为这个群体是"一个

库切：君子慎独

从都市移植到山沟的'精神飞地'，或可称'民间思想村落'"，这个群体白天是钳工、搬运工等，晚上则成了大声争论史学、哲学、政治学的思想者，朱学勤先生就是从这个群体的争论里，知道了黑格尔、别林斯基等人。而且，更为重要的是，朱学勤认为这个群体的讨论，"那种业余状态的精神生活，却有一个今日状态下难以产生的可贵素质——毫无功利目的。你不可能指望那样的讨论结果能换算为学术成果，更不可能指望在这样的思想炼狱中能获得什么教授、副教授职称。"

这才是真正的精神生活，这是一个独处的群体带给朱学勤的莫大启示，这个启示也是带给我们的，并使我们似乎对老子的"小国寡民"理想又多了一种理解。

村落过去是中国社会的基本组织结构，其实，当时的大部分所谓都会，都能看成一个较大一些的村落，不像现在的都市，都是巨无霸型的。一个村落，就是一个寡民的小国，一个相对独立的单位，更是一个能独处的好地方。"小国寡民"式的村落组织，能让人最大限度地拒绝外在的诱惑而守持内心，这样一来，人心就干净多了，难怪，那时候的民风如此淳朴！

所以，"小国寡民"并非一定就是通常所理解的愚民方式。

获 2003 年度诺贝尔文学奖的库切，也是一个独处的人，他的成功与独处紧密相连。

由于"精准地刻画了众多假面具下的人性本质"，"在人类反对野蛮愚昧的历史中，库切通过写作表达了对脆弱个人斗争经验的坚定支持。"瑞典文学院决定将 2003 年度的诺贝尔文学奖授予南非作家约翰·马克斯韦尔·库切。

库切 1940 年出生于南非的开普敦，从小接受双语教育。库切成长的年代，正是南非种族隔离政策逐渐成型继而猖獗的年代，所

库切：君子慎独

以，库切对种族隔离和种族歧视有着非常深刻的认识，他将这些认识都写进了自己的作品里。1960 年，库切来到英国伦敦，在那里完成学业，获得数学学士与语言学博士学位，并且从事电脑编程员的工作。

所以，库切开始是个 IT 男，一个很可能被技术理性奴役内心的文学门外汉。

《等待野蛮人》是库切驰名国际文坛的作表作。至今，库切已经发表了《耻》《迈克尔·K 的生平与时代》《彼得堡的大师》等九部长篇小说，部部都是公认的精品之作。库切的作品大都以南非的殖民地生活和各种冲突为背景，被公认为是当代南非最重要的作家之一。

库切涉足文学创作，并非是为了实现"成为世界文豪"这样伟大的文学抱负，他仅仅是想借用文学这种最理想、最有力的方式来表达内心的真情实感，抗衡残酷的现实，宣泄他对种族歧视、压迫的强烈不满。

库切是个喜欢独处的人，性情孤僻，不苟言笑，不善张扬，谦逊，是个素食主义者，酷爱骑自行车，滴酒不沾。库切不喜欢进入别人的生活，也绝对反对别人进入他的生活中，他就这样独处于自己的世界里，写作、教学，这就是库切的生活模式。

喜欢独处的库切，将荣誉看得非常平淡。他的《迈克尔·K 的生平与时代》和《耻》这两部作品，为他两度赢得英国文学最高奖——布克奖，但是，他两次都没有去领奖。除了布克奖外，库切还获得了无数其他奖项。但是，库切毫不看重这些外界加于他头上的奖项，他像一个独处于凡世之外的高僧，摆弄自己喜欢的文字。对库切来说，自己的作品一旦问世，就什么都已经完成了，其他的一切都不重要。

库切：君子慎独

据瑞典文学院介绍，库切的作品在评选过程中，由 18 名终身院士组成的文学奖评奖委员会说："今年的选择很简单，丝毫没有争议。"库切获奖，在外界看来，几乎是众望所归，根本不值得怀疑。但是，库切本人却不这么认为，他说："今天早上 6 点钟我接到从斯德哥尔摩打来的电话，对我来说这完全是出乎意料的，我根本就不知道今天是宣布文学奖得主的日子。"不过，能获奖，库切表示"感到高兴，非常高兴"。

而这正是库切的风格：一个喜欢独处的库切，一个不抛头露面的库切，一个几乎不同媒体接触以宣传自己的库切……正是基于库切的这些特点，在当时，库切会不会出席文学奖颁奖典礼，成为人们的热门话题。

当然，库切出席了颁奖典礼，但他没有举行什么记者招待会之类的活动，他只是低调地表示他正在进行新的创作。

库切曾经说过："一生中，我颇为成功地远离了名气。"其实，在某种意义上说，库切是远离一切干扰，远离了一切他认为自己不需要的东西。而这种远离，这种独处，正是一个成功者应该具有的生活方式。

贝克勒尔与巴甫洛夫：辨夷知微方通神

安东尼·亨利·贝克勒尔（1852—1908），法国物理学家，因为发现天然放射性，于1903年与皮埃尔·居里和玛丽·居里夫妇分享本年度的诺贝尔物理学奖。

贝克勒尔与巴甫洛夫都是因为对偶然性高度关注而获得成功的人，中国的传统智慧中，从《周易》的"知几其神"、老子的"夷、希、微"之辨开始，便提倡对偶然性给予高度关注。

偶然性是最易被人忘却与抛弃的"珍珠"，在很多时候，我们想问题办事情，总会遗忘那些对自己最有利的东西，这可能也是人类思维固有的短板。

人若能在平时关注那些转瞬即逝的偶然性，然后顺着偶然性这根藤摸下去，说不定就能得到"金瓜"。

苏轼有一首美丽的七律，写到了偶然性，值得仔细品读。《和子由渑池怀旧》：

> 人生到处知何似，应似飞鸿踏雪泥。
> 泥上偶然留指爪，鸿飞那复计东西。
> 老僧已死成新塔，坏壁无由见旧题。
> 往日崎岖还记否，路上人困蹇驴嘶。

这首诗和苏辙，透露着苏轼对偶然性的某种理解。渑池旧地，苏辙十九岁时便被任命为渑池县主簿；嘉祐元年又和苏轼随父同往京城应试，又经过这里，还有访僧留题之经历。苏辙觉得，一次又一次经过渑池但又不能长驻（苏辙因病并未能真正赴任渑池县主簿，所以他有"曾为县吏民知否？旧宿僧房壁共题"之慨），这到底是为何？如果说与渑池有缘分，为何又无法驻足时间稍长些？苏轼的《和子由渑池怀旧》，回应着苏辙的感慨，感慨人生中的偶然。

人生中，总会遇到飞鸿留泥爪的偶然，虽然飞鸿会逝，但还不是给天才诗人留下作诗为文的"话柄"？要不，我们如何能读到如此余味绵长的诗句？

偶然，能启发诗人的诗兴，留下佳句，这不也是关注偶然性的大收获么？

法国作家莫洛亚说："一个偶然的机缘，一盼，一言，会显示出灵魂与性格的相投。"作家，更关注偶然的机缘，因为，这是显示他们灵魂与性格相投的重要通道。

科学家喜欢把那些能够带来重大科学发现的偶然性比作幸运女神的微笑。谁通过偶然现象这个突破口，找到了重大科学发现，谁就真正看到了幸运女神的微笑。

贝克勒尔与巴甫洛夫，就是真正看到了幸运女神微笑的两位成功者，他们看到了女神的微笑，也让这转瞬即逝的笑容开启了成功的大门。

贝克勒尔是法国著名的物理学家，在光学、磁学等方面进行过大量的研究工作。1903 年，他因发现了物质的放射性而获诺贝尔物理学奖。

其实，贝克勒尔家族，都是研究荧光和磷光方面的专家，研究射线，纯属是偶然性所致。

在看到伦琴的关于 X 射线的论文后，贝克勒尔不停地思考这样一个问题："阴极线通过放电管，遇到荧光屏能使荧光屏发亮，最终导致 X 射线的产生，那么，我用太阳光代替阴极线，照到一种也可以出现荧光的物质上，会产生类似 X 射线的新放射线吗？"

说干就干。贝克勒尔把一种铀化物作为荧光物质，放在用黑纸包着的胶片感光板上，然后用日光照射，不出所料，果然照下了铀化物的结晶像。但是，过了几天，他无意中将铀化物放进了存有感光板的抽屉里，底片洗出来一看，仍然清楚地显示出铀化物的结晶

贝克勒尔与巴甫洛夫：辨夷知微方通神

像，结果与日光照射完全一样。这就说明了，有没有太阳光照射，效果都一样。

贝克勒尔非常失望："如果和日光的照射毫无关系，那我的推论就是不正确的，太遗憾了！"不过，贝克勒尔没有放过这一偶然现象，他接着想："既然不是太阳光使铀化物留下结晶像，那是什么东西将铀化物照到感光板上去的呢？莫非是铀化物本身发出的光吗？"

于是，他对各类铀化物和矿石中的铀进行了研究，并且成功证实了他的猜想：铀具有天然的放射性，铀产生的射线不同于 X 射线，是一种新射线，贝克勒尔称之为"铀射线"。

贝克勒尔抓住了偶然性，终获成功，不正是妙手"偶"得之？

长期生活在射线中，贝克勒尔的身体健康受到严重的损伤，五十岁多一点，他便头发脱落，手上的皮肤像烫伤一样疼痛，1908年，贝克勒尔逝世，他是第一位被放射性物质夺去生命的科学家，永远值得尊敬。

老子说："视之不见，名曰夷；听之不闻，名曰希；搏之不得，名曰微。"偶然性，是夷、希、微之物，要抓得住，遇事得多想着幸运女神的微笑。

贝克勒尔与巴甫洛夫：辨夷知微方通神

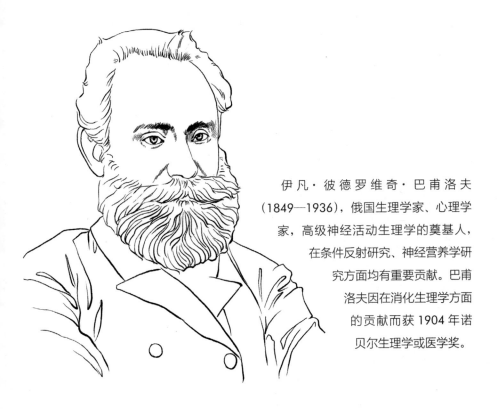

伊凡·彼德罗维奇·巴甫洛夫（1849—1936），俄国生理学家、心理学家，高级神经活动生理学的奠基人，在条件反射研究、神经营养学研究方面均有重要贡献。巴甫洛夫因在消化生理学方面的贡献而获 1904 年诺贝尔生理学或医学奖。

巴甫洛夫也是这方面的"妙手"。巴甫洛夫因提出著名的"条件反射"学说，获 1904 年诺贝尔生理学或医学奖。

巴甫洛夫在医学院读书时，常用狗来研究神经对心脏功能的调节作用。他每天喂狗时，发现狗一边流口水，一边津津有味地咀嚼着食物。有一天，他有事到狗舍去，狗一看到他便摇头摆尾，嘴里流出大量口水，似乎在催他快点喂食。

巴甫洛夫一下就捕捉到了这一偶然性：我不是来喂食的，狗为什么也产生唾液呢？

可是，当他再一次不拿食物去狗舍时，狗却不再流口水了。他感到更奇怪了，第一次流口水，为什么第二次又不流了呢？他反复思索后发现第一次去时自己身上带着喂食用的铃，第二次没有，就只有这一点区别，因为当时的俄国农村，人们在喂食时习惯用铃声来招呼家畜。于是，他有意只带铃不带食物去了狗舍，果然，狗又流着口水催他喂食了。巴甫洛夫明白了，狗把喂食前的铃声当作喂食的"附加条件"，铃声一响，便是"开饭"的信号，它们的口水就流了出来。

这个不起眼的发现，引导着巴甫洛夫从唾液和胃液的"心理性"分泌入手，建立了大脑皮层的条件反射学说。

老子也说："其微易散。"微小的偶然性，极易消散，只有那些能"为之于未有，治之于未乱"的敏锐者，能关注"合抱之木，生于毫末；九层之台，起于累土；千里之行，始于足下"的有心者，才有机会拾得。

人生际遇，从偶然性中获取机会的重要性，不言而喻。

如清朝"中兴四名臣"的左宗棠，若不是能把握偶然性，得陶澍之帮助，便可能永被埋没。

左宗棠少时，屡试不第，于是绝意辞章之学，转而留意农事、舆地、兵法等经世致用之学，在这方面打下了扎实的基础。

但左宗棠再有本事，也得有一个施展的机会。

这个机会，左宗棠在湖南醴陵的渌江书院任山长时获得。

渌江书院位于湖南株洲的醴陵市，始建于宋淳熙二年（1175年），也是一所极有传统的书院。1836年，当时的醴陵知县得知两江总督陶澍要路过醴陵，特邀其至馆舍做客。这时，一个偶然的机会降落到左宗棠身上：知县命左宗棠作楹联一副，悬于馆舍，以示对陶澍的欢迎。

左宗棠也抓住了这个偶然的机会，写下对联：

春殿语从容，廿载家山印心石在；
大江流日夜，八州子弟翘首公归。

陶澍一见此联，立刻被其吸引，大加赞赏。顺理成章，他与左宗棠有了第一次会面。后来，左宗棠与陶澍有了更多的接触，包括与之结成儿女亲家、受陶澍之托为其抚育陶桄直至成人与女儿孝瑜完婚，一介布衣的左宗棠，最终获得了上升到权力中心的阶梯。

商场、战场，更是偶然性最喜作祟的地带，欲获全胜，如不关注偶然性，胜算要小很多。

希腊船王奥纳西斯，一个声名显赫的名字，一个创业的传奇，一个极善于抓住偶然性的成功者。

一战时，奥纳西斯在阿根廷的一艘破船上找到一份工作，一天需干 16 小时，但工资低廉。不过，奥纳西斯在这儿，极偶然地发现，阿根廷的烟草极为畅销。因为本地及南美洲的烟草味道过重，本地人不喜欢，而希腊的烟草味淡且温和，却卖不出去，如果将阿根廷的烟草贩买到希腊，应该能赚钱。因此，奥纳西斯投资了烟草，并且大获成功，成功地赢得了人生的第一回合。

美国管理学教授卡斯特说："成功的管理艺术有赖于在一个偶然性的环境里为自己的活动确定一个理由充分的成功比率。"我们的生存环境里，有足够多的偶然性，就看我们是否有能力确定那个理由充分的成功比率。

钱钟书也说："天下就没有偶然，那不过是化了装的、戴面具的必然。"偶然要变成必然，关键在于，谁能揭下那张面具。

其实，幸运女神对每一个人都是微笑着的，只是绝大多数人看不到她美丽的笑容。因此，我们脑袋里时时要有一根弦崩着："这可能是幸运女神的微笑，我应该看到了！"

贝克勒尔与巴甫洛夫：辨夷知微方通神

鲍林：不卜亦先知

　　莱纳斯·鲍林（1901—1994），美国著名化学家，在量子化学、结构生物学等领域里都有精深的研究。1954 年，因为在化学键方面的工作获诺贝尔化学奖，1962 年，由于鲍林对和平事业的杰出贡献，他又获得诺贝尔和平奖。鲍林是有科学猜想天赋的巨匠，天才的猜测能力让鲍林走向了领奖台。中国的传统智慧中，从来不少猜测的成分，如天文观察、历法制定以至数学推理，都有因猜想而走向成功的范例。

猜测，其实是非常考验智商与情商的一件事。

有些人遇上事，第一反应便是提出种种猜测，然后尽最大努力去求证，这样做，往往能成功。

当然，有些事情，一代人提出猜测，得很多代人去求证，如哥德巴赫猜想，便是如此。

猜测，在恋爱中，其实是经常要运用的思维。古代的才子佳人，若两情相悦，首先便得在文字上玩猜测的游戏，过得这关，才可能有下文。

如李清照与赵明诚，两人相识时，便玩了个这样的有技术含量的游戏。

李清照与赵明诚都是名门之后，李清照是李格非之女，赵明诚是赵挺之的儿子，李格非、赵挺之都是当时的朝廷重臣，李清照与赵明诚最少可以称得上是"官二代"，但绝不能说是"富二代"，因为李格非、赵挺之都是清廉之官，而且家教极严，从不纵容后代。

李清照与赵明诚两人年轻时，都有文名，特别是李清照，词名在外。初次见面后，两人当然彼此欣赏。但当时因为礼数甚严，不能如现代青年谈恋爱时，可以花前月下，沿街而游，甚或作出更为张扬的举动。

当时，能给年轻人接触的空间，可能只有高门大宅后面的后花园了，所以，西厢式的故事，都在后花园上演。并非当时谈恋爱的人都喜欢越墙攀垣，实在是不得已而为之，因为只有后花园，才是没人管的地带。

李清照与赵明诚当然都懂得在哪儿见面，但窗户纸不能捅破。

赵明诚费了一番越墙的功夫，到得后花园，李清照早已在此等候。两人见面时的微妙动作，李清照有《点绛唇》词描述：

> 蹴罢秋千，起来慵整纤纤手。露浓花瘦，薄汗轻衣透。
> 见客入来，袜刬金钗溜。和羞走，倚门回首，却把青梅嗅。

最有意味的是"和羞走，倚门回首，却把青梅嗅"这一句。可以猜测，李清照找了个荡秋千的理由去等赵明诚，赵明诚到后，李清照害羞而走，但她得给赵明诚一个暗示，暗示她并非真正离开。因而有"却把青梅嗅"这一个需要猜度的动作：一个害羞的少女，手攀青梅枝，轻轻而嗅，但眼神可能已经投到赵明诚身上了。

赵明诚当然能领会李清照的意思，一段神仙眷侣般的婚姻，就以如此美妙的一次约会而开始了。

现代的年轻人谈恋爱，便不得此妙了，不仅没有了那种美好的猜度，就连基本的礼数、规则都抛弃了，光天化日之下，我们有时能看到的是赤裸裸的情欲场景。

如果谈恋爱，猜测考验的是情商。

在其他方面，猜测更多的是考验智商。

鲍林的猜测，就是高智商的猜测。

鲍林是迄今为止两次单独荣获诺贝尔奖的人（1954年获化学奖，1962年获和平奖），享有很高的国际声誉。

出身贫寒的鲍林，完全凭自己的顽强拼搏登上成功的巅峰。鲍林一辈子最讨厌的事就是别人对他说"不行"，他的思维世界里没有"不行"这个概念，正是他永不言败，锐意向前，他才能两次问鼎国际大奖——诺贝尔奖。

鲍林执着，但他的另一个更显著的特点是胆大。小时候，鲍林就是个天不怕地不怕的主，好动，不安分，胆子大得没边，几乎没有什么不敢做的事。他常给两个妹妹在家乡的小威廉河上方的细长木轨上，一摇一晃地表演高空行走，两个妹妹都被吓得大声尖叫。

胆大，表现在他的科学探究中，就是鲍林能大胆猜测，并且劳心竭力，细心论证自己的猜测。

科学界都知道，鲍林有超强的猜测天赋，这种猜测能力让他能在纷繁复杂的现象中找到准确的突破口，沿着这个突破口往前走，问题很快就能得到解决。

鲍林把自己通过猜测来解决问题的方法叫随机法。使用的随机法并不是单纯的猜谜游戏，他使用随机法有严格的原则，那就是他能保证自己的猜测是独一无二的。鲍林有丰富的知识作为基础，有了这个基础，他在研究过程中作出的猜测就是唯一的，而不是胡乱猜测。

鲍林的猜测天赋首先表现在他的老本行——化学研究上。在研究复杂的 X 射线晶体构造时，他首先利用已知的化学原则，建立一套结构规则。鲍林利用单纯的化学因素排除了许多理论结构，最后只留下几个最有可能的构造。接着，鲍林把这几种可能的构造做成模型，他不断地摆弄和调整这些模型，直到合适为止。如果模型显示某一构造的原子组合太紧或是太松，就将这一结构排除在外，最后只剩下一个最有可能的模型。将这一模型通过严密的科学实验进行论证，鲍林便得到了自己想要的结果。

有一次，在芝加哥举行的一次集会上，鲍林对在场的听众说，他对放射性尘埃作了测试，由于核武器试验，有一万个人将会死于白血病。如果保持当前的试验水平，那么由于遗传变异而生病的比率将会上升1%。英国原子能委员会发言人得知这一数据后立即写信给鲍林，想知道鲍林是在哪里得到这一数据的。鲍林回信说，在我公开发表的报告里，我根据对食物链中锶90的含量所作的猜测而计算出这个结果。这一结果后来得到确证，成为世界反核运动中的重要资料。

对科学家而言，猜测是必备的能力，因为科学探索，在起始时，都可能是眼前一抹黑，根本不知道方向在哪。只有凭猜测，摸索着行进，才能找到上帝留给人类的那道亮光。

不过，必须看到，鲍林能够神奇地想象出正确的答案，而别人却无法做到，这也源于他的辛勤工作，深厚的化学知识，和作出那种唯一猜想的愿望和胆识，他是一个真正在猜测中领悟真理的完美思索者。

政治，也是考验人的猜测能力的事。

中国最早的国家档案、"十三经"的最重要一种《尚书》，里面记录了最早的政治活动，都是需要有猜测的智慧的，特别是迁都、战前动员等行为，在那个时代，不正确猜测的和预断，完全可能会导致一场大的暴动。

如《尚书·商书·汤誓》：

王曰："格尔众庶，悉听朕言，非台小子，敢行称乱！有夏多罪，天命殛之。今尔有众，汝曰：'我后不恤我众，舍我穑事而割正夏？'予惟闻汝众言，夏氏有罪，予畏上帝，不敢不正。今汝其曰：'夏罪其如台？'夏王率遏众力，率割夏邑。有众率怠弗协，曰：'时日曷丧？予及汝皆亡。'夏德若兹，今朕必往。"

"尔尚辅予一人，致天之罚，予其大赉汝！尔无不信，朕不食言。尔不从誓言，予则孥戮汝，罔有攸赦。"

这其实是一段很容易理解的话，就是商汤与夏桀作战时的战前动员。表面上说的是夏桀的罪行，自己是恭行天罚。可是，这里面还有另外的意思需读得出来，那就是商汤对民众的动员，特别是对民众内心状态的猜测、琢磨，得拿捏得非常准确。不然，百姓何以相信汤那些恩威并施的话，并能听从且替他卖命呢！

政治游戏，在大多数时候，都需要猜测的智慧，不然，有可能很快出局。

其实，政治那些人和事，就是人和事之间的猜测，从《尚书》的时代一直到现代，有多少政治，不需要纠缠猜测？

为政者，如果与民请命有关，如果与民生幸福指数的提高有关，如果与国家强盛有关，那要多猜测；如果只关私利与权欲，祸害百姓，殃害国家，这样的猜测，越少越好，近期的国家打击腐败的行为，已经生动地表明了这一点。

爱因斯坦：屁股坐在合适的位置上

阿尔伯特·爱因斯坦（1879—1955），出生于德国，是犹太裔物理学家。爱因斯坦的相对论、光电效应、能量守恒定理等，均为世人所熟悉。1921年，因为成功解释了光电效应，爱因斯坦获得本年度的诺贝尔物理学奖。爱因斯坦的成功，很大程度上归结于他能找到适合自己的领域，并在这个领域里不懈耕作。中国的传统智慧中，庄子的淡泊自守，宋应星等弃绝科举，都是这样的智者，因为他们清晰地知道自己的人生位置在哪里。

爱因斯坦带给这个世界的启示，绝不是一个单维的角度可以概括的，甚至也不能说就是一个多维的启示，不同的人，可能从爱因斯坦那里，都能得到启发自己的东西。

《爱因斯坦传》的作者沃尔特·艾萨克森说：

爱因斯坦的档案现已完全公开，我们有机会研究他的个人方面——其不屈服的个性、叛逆的天性、好奇心、激情和超然于世——如何与他的公众事务、政治活动和科学工作交织在一起。了解一个人有助于我们理解他的科学，反之亦然。性格、想象力和创造性天赋就像统一场的各个部分，彼此有着密切的关联。

比如，关于他的相对论的诸多有趣说法，就是如此。

爱因斯坦为了取得获得研究相对论的经济支持，曾与一个德国军火商有过一个极简短的见面。爱因斯坦费劲地跟军火商解释他的理论，但据说当时相对论只有 12 个人看得懂，估计连玻尔这样的天才理解起来都非常困难，一个满脑子只想着武器军火如何给自己带来金钱的军火商，能听得懂爱因斯坦的理论？最后，军火商实在听不下去了，瞪眼望着爱因斯坦问："您的理论能给带来什么利益？"爱因斯坦拍案而起："德国需要无功利的思想，比如对宇宙的解释。"然后头也不回地中断了这次让他极其难受的见面。

爱因斯坦是不会忘记德国的传统的，这是一个哲学大家辈出的国度，哲学就是德国的"国学"，哲学能带来什么利益呢？能换来面包和金钱？但德国人一直都谨守着这个思辨的传统，把它当成思维的操练、精神的自我折磨，德国的思想家一直享受着这份折磨，我们也因而能享受德国思想家给我们提供的精神盛宴。

一个民族，一种文化，必须要有一些人在那里做无功利的思想探索，丰富着这个民族，这种文化。

什么都跟金钱扯上关系，到最后沾上的不止一身铜臭。

这是与相对论严肃一些的关联。

也有好玩的。

据说爱因斯坦在已停刊的《热科学与技术学报》上发表过一个实验报告，想浅显地解释相对论，以下是这则实验报告的全文：

外在感受对时间膨胀之影响

——爱因斯坦美国新泽西州普林斯顿高等研究院

实验摘要：一个男人与美女对坐 1 小时，会觉得似乎只过了 1 分钟，但如果让他坐在热火炉上 1 分钟，却会觉得似乎过了不止 1 小时，这就是相对论。

由于观察者的参考坐标系对于观察者对时间流逝的感知有很大的影响，观察者的心理状态可能也会影响感知。因此我着手探讨两种截然不同的心理状态下时间流逝的状况。

实验方法：我试着获取一座火炉和一名美女。但是很可惜，我无法取得火炉，因为帮我煮饭的女士禁止我接近厨房一步。不过我仍然偷偷找到了一部 1924 年制的曼宁—鲍曼牌松饼机。用这部松饼机进行实验，效果应与火炉相当，因为它能够加热到相当高的温度。找到美女的问题比较大，因为我现在住在新泽西州。我认识卓别林，并曾到他的公司参加 1931 年新片《城市之光》的首映。于

爱因斯坦：屁股坐在合适的位置上

是我请他代为安排与他妻子见面，他的妻子是电影明星宝丽·戈达，拥有异常美丽的脸庞。

讨论：我坐火车到纽约与戈达小姐在大中央车站的"大蚝酒吧"见面。她十分明艳动人。当我觉得似乎过了1分钟时看了看手表，发现实际上已过了57分钟，我将之四舍五入成1小时。回到家中后，我插上松饼机的插头，让机器加热。然后我穿着长裤和长的白衬衫（下摆没有扎到裤子里），坐在松饼机上。我觉得似乎过了一小时的时间，站起来看了看表，发现实际上过了不到1分钟。为保持两个叙述状况中的单位一致，我将之算成1分钟。然后，我打电话找医生。

结论：观察者的心理状态对时间的感知有很大的影响。

这份实验报告真实与否，姑且不论，但关于爱因斯坦以美女来解释相对论的说法，盛传不衰。

最少从这份实验报告，能看出爱因斯坦的可爱之处，有几分喜剧所具有的喜感。

恐怕真是"地球人都知道"，爱因斯坦小时候是个"笨小孩"！爱因斯坦直到三岁时才"咿呀"学语，后来，比他小两岁的妹妹已经能和别人交谈了，爱因斯坦说起话来还是支支吾吾，前言不搭后语；在学校里，由于当时要求学生上下课都按军事口令行进，爱因斯坦反应特别慢，总是无法跟上口令的节奏，同学们因此都骂他："真是笨，什么也不会！"

从小时候的表现来看，爱因斯坦毫无天才迹象。

其实，在很多方面，爱因斯坦"笨"了一辈子！成名后的爱因斯坦，从普林斯顿的办公室走回家，一直都是步行。爱因斯坦喜欢一边走，一边拿雨伞在路旁的铁篱围墙上一格一格地划过，如果错

爱因斯坦：屁股坐在合适的位置上

过了一格，就从第一格重新开始，再错过了，又重新开始，直到正确完成这个数数过程为止！

在常人看来，这个行为真是有些滑稽！但爱因斯坦乐在其中。

"笨笨傻傻"的爱因斯坦能成为科学巨匠，有很多很重要的品质，比如他的思维中，认定了他能干什么事情，他就紧紧贴在这个位置上，再也不会离开。

爱因斯坦脑袋里特别清晰地知道：他该走到一个什么地方去，那个地方就是他的位置，这个位置牢牢地吸引着他。

在中学里，爱因斯坦喜欢上了数学和物理，他觉得：这就是自己的位置，他太喜欢这个位置了。爱因斯坦阅读阿基米德、牛顿、笛卡尔等人的书籍，开始形成一种思考问题的习惯，看书越多，思考的问题就越多。有一天，他对经常辅导他数学的舅舅说："如果我用光在真空中的速度和光一起向前跑，能不能看到空间里振动着的电磁波呢？"舅舅无法回答这个问题，但是他知道，外甥提出的这个问题异常新奇，这是一个思考着的脑袋才能提出的问题，谁说这孩子笨呢！

其实，爱因斯坦提的这个问题，就是一个伟大的物理学问题，在日后的研究中，他完美地解决了这个问题。爱因斯坦觉得自己很适合学习物理和数学，他就在这个空间里尽情地飞翔着，一辈子都没有离开过。

终于，爱因斯坦不笨了！他笨，是因为他当时还没有能力去寻找到最适合自己的位置；他不笨，是因为他找到自己的正确位置后，如夸父追日，坚持不懈地走下去！

爱因斯坦一直沿着自己喜欢的位置走去，从没放弃过，他的坚持不懈让他成为最有成就的人！

爱因斯坦在自己找好的位置上，执着前行，有时会让他无比孤

爱因斯坦：屁股坐在合适的位置上

独。比如：

　　渐渐地，支持爱因斯坦的人越来越少，他几乎单枪匹马地和哥本哈根学派对阵。爱因斯坦的科学理想，和当代大多数理论物理学家的思想方法距离越来越大。但是，爱因斯坦忠实于自己的信念。他坚信，物理学应该对于客观的实在状况作出和观察者无关的描述。他在两个方面孤独地探索着，一个是统一场论，一个是量子力学的正确解释。他时常会遇到惋惜的目光，仿佛在说——唉，老了，天才也会落伍；也时常听到惋惜的叹声，仿佛在说——唉，老了，天才也会误入歧途。

　　爱因斯坦继续走自己的路，寂寞地、坚定地，几十年如一日，从未动摇过。他在寻求自己的上帝——斯宾诺莎的上帝。这个上帝显示出高超的理性，这个上帝是不掷骰子的……

　　但再孤独，爱因斯坦还是在那个位置上！

　　1955年4月18日，爱因斯坦的生命弧线最后弯曲成一个句号，安静地告别了这个他探索发现了一辈子的世界！他立下一个独特的遗嘱：不举行任何丧礼，不筑坟墓，不立纪念碑，撒骨灰的地方永远保密，目的是不使任何地方由于他而成为圣地。

　　如果你尚未成功，或者正面临成功的困惑，这个时候，应该停下来，好好地整理一下自己的思路：是不是自己的屁股坐错了位置？是不是应该调整位置？是不是能从爱因斯坦那里找到灵感？

　　坐错位置，有可能是这个位置根本就不是你的。智慧的庄子讲过两个这样的故事，足资取鉴。

　　《庄子·逍遥游》中说：

尧让天下于许由，曰："日月出矣，而爝火不息，其于光也，不亦难乎？时雨降矣，而犹浸灌，其于泽也，不亦劳乎？夫子立而天下治，而我犹尸之，吾自视缺然，请致天下。"

许由曰："子治天下，天下既已治也，而我犹代子，吾将为名乎？——名者，实之宾也。——吾将为宾乎？鹪鹩巢于深林，不过一枝；偃鼠饮河，不过满腹。归休乎，君！予无所用天下为。庖人虽不治庖，尸祝不越樽俎而代之矣。"

许由根本不稀罕尧让出来的那个位子，因为那个位子根本不属于自己，他不会干那种越俎代庖的事。

《庄子·秋水》：

庄子钓于濮水，楚王使大夫二人往先焉。曰："愿以境内累矣！"

庄子持竿不顾，曰："吾闻：楚有神龟，死已三千岁矣；王以巾笥而藏之庙堂之上。此龟者，宁其死为留骨而贵乎？宁其生而曳尾于涂中乎？"

二大夫曰："宁生而曳尾涂中。"

庄子曰："往矣！吾将曳尾于涂中。"

楚王的盛情邀请，庄子只需一个犀利的比喻，便说明了自己的选择。庄子告诉楚王，那个尸位素餐的位子，根本不属于自己这个带刺的屁股。

庄子这个带刺的屁股，离不开大地。

当然，也有可能，你在选择位置时，方法还都是错误的。

有一个关于苏格拉底教育自己的三个学生的故事，广为人知，但极具借鉴意义，故不赘重述。

爱因斯坦：屁股坐在合适的位置上

某天，苏格拉底的三个学生向他请教，如何才能找到自己理想中的伴侣。

睿智的苏格拉底当然不会直接回答这个问题，他让三个学生走向麦田。

苏格拉底说，沿着麦田埂去选择麦穗，只许前进，且仅有一次机会选摘一支最大的麦穗。

第一个学生没走几步，便发现了一支又大又漂亮的麦穗，立即摘了下来。但他继续前行后，发现了更多更好的麦穗。

第二个学生一路走，一路提醒自己：后面一定还有更好的，千万不能先摘。结果是，他到终点时，还两手空空。

第三个学生决定对麦穗进行比较后再采摘，他分三步走：当他走到1/3的路程时，即把麦穗分出大、中、小三类；再走到1/3的路程时，验证自己的分类是否正确；到了最后1/3的路程时，他才选择了较为美丽、适合自己的那支。

毫无疑问，第三个学生的选择方法更智慧。

不管怎样，一个人，到了一定的年龄，就得定好自己的位置，并坚定地走下去。

一定要相信：在任何合适的位置上，人人都能有精彩的演出。

爱因斯坦：屁股坐在合适的位置上

玻尔：敏于事而勇于行

　　尼尔斯·亨利克·戴维·玻尔（1885—1962），丹麦物理学家。玻尔在量子力学方面的研究，对 20 世纪物理学的发展有着极为深远的影响。1922 年，由于在原子结构理论方面的杰出贡献，玻尔获得诺贝尔物理学奖。玻尔终其一生，铁面无私地追求世界的真实，这与中国传统中的"诚"、与中国传统文化的科学求真精神，是同条共贯的。

求真不仅是一种行事思维，更是一种内在的精神操守。

欧洲文明源头的古希腊，其思想大哲的求真精神令人感佩，他们的思维触角总是要钻到这个世界的最内里，弄清楚这个世界的内层到底是怎么样的。所以，亚里士多德成为解剖学的始祖，德谟克利特和他的老师留基伯关注那些没法再分割的微粒，并且将希腊语"不可分割"这一意义永远留给了原子，赫拉克利特则关注世界的可变性，"人不能两次踏进同一条河流"这一千古名言至今也无法驳倒，当然，巴门尼德又提出了反命题：一切变化都是假象，世界根本没有真正的变化。更喜欢钻牛角尖的人是芝诺，所谓"飞矢不动"的悖论，确实有其思辨的精致之处。

中国文化的源头里，强化的是"诚"，如《周易·文言》：

修辞立其诚，所以居业也。

庸言之信，庸行之谨，闲邪存其诚，善世而不伐，德博而化。

或者是"忠"与"信"，如《论语·学而》：

曾子曰："吾日三省吾身。为人谋，而不忠乎？与朋友交，而不信乎？传，不习乎？"

《论语·公冶长》：

玻尔：敏于事而勇于行

105

子曰:"十室之邑,必有忠信如丘者焉,不如丘之好学也。"

似乎,中国先祖更关注内在的"真诚",更关注人与人之间关系的真实与可信。

但是,千万不能忘记我们先祖所具有的科学求真精神。《庄子·天下篇》就已经提出了芝诺式的问题:

一尺之棰,日取其半,万世不竭。

还有《山海经》对中国地形、物产、地貌的载录,与《庄子》一样,都是中国先祖科学求真精神的最早流露。

在古希腊科学求真传统的滋养下,欧洲科学大家辈出,玻尔就是。

玻尔是量子力学之父,在量子力学界有"总司令"的地位。是玻尔让人们将探索的目光投向精妙的原子世界,他因在量子力学领域里取得的成就而获诺贝尔物理学奖。

玻尔是个特别喜欢游戏的人。他一生都喜欢玩这样的游戏:将石头抛高和掷远,用石头在水上打水漂玩。小时候,有一回玻尔和同伴一道去参观一座废置的教堂,他把自己玩掷石头游戏的"绝活"给同伴们露了一手。原来,教堂的百叶窗上有一个小孔,小孔离地很高,玻尔像玩魔术一样,将石子从小孔扔到窗外,别的同伴怎么也做不到。他越来越敏捷地将石头扔入百叶窗的小孔,看得同伴们目瞪口呆。获得成功后,玻尔又有了新主意,让同伴把一根手杖往高处扔,使它靠在百叶窗上,然后试着用石头将手杖打落下来,玻尔也毫不费事做到了。最后,他又像杂剧演员般地将手杖柄插入百叶窗的小孔里,把手杖挂起来,看能不能用石头将手杖击落下来。这个游戏难度很大，玻尔试了很多次都没成功，同伴们都不想看下去了，而玻尔一个人还在那里津津有味地玩着，一副乐在其中的样子。当然，玻尔最终还是把手杖打落下来了。

玻尔的童心，与他的挚友、死敌爱因斯坦，有着惊人地相似，难道，科学大师都有那种在常人看来极为低级的"蠢癖"，还是我们根本就无法琢磨他们精神世界里的那份自得之乐呢？

玻尔终其一生，都坚守着一条简单而优美的原则——追求真实。

解读玻尔成功的妙处，一定要看到他是怎样铁面无私地把真实原则贯彻到人生中的每个角落的。

玻尔小时候就有这种求真的天赋。

玻尔热爱科学，对待事物非常认真，从不隐瞒自己的观点。上小学时，玻尔其他科目成绩都很好，就是作文课的成绩很差。一次，老师出了这样一个作文题目：《自然力在家庭中的应用》，玻尔不喜欢这道作文题，加上他喜欢直截了当地表达自己想法的天性，于是写了一篇一句话作文："我们家不用自然力。"

对错误的东西，玻尔会毫不留情地去纠正。有一次，他的同学问他："如果你在考试的时候发现试题有错误，你会怎么做？"

玻尔回答得十分干脆："当然告诉他们什么是对的呀！"

玻尔就是这样痴爱着真实，拥抱着真实，事物的真实面貌是怎么样的，心里是怎么样想的，玻尔就怎么样表达，"我手写我口"，痛快淋漓，他的一生就是真实表达的一生，就是追求真实的一生，他的成功正是因为他对真实永不满足的渴求。

不论在谁面前，玻尔都是真实的铁杆捍卫者。据说，1909 年玻尔获硕士学位后，到英国剑桥卡文达什实验室进修。第一次与导师 J. 汤姆逊见面，就操着不熟练的英语当面批评汤姆逊的错误，

玻尔：敏于事而勇于行

弄得导师下不了台。

玻尔与爱因斯坦是物理学界有名的"对手",两人在生活中是最好的朋友,在研究工作中是"死对头",两个物理学巨人"斗"了一辈子。

玻尔和爱因斯坦在 1920 年相识并且结下了长达 35 年之久的友谊,但是,由于对客观世界真实性认识的差异,两人唇枪舌剑的辩论也随之展开。围绕量子力学理论基础的解释问题,两人不停地公开争论。

1930 年,玻尔在一次学术会议中,发现爱因斯坦的理论有错误,他第二天就找到了爱因斯坦,诚恳地向爱因斯坦指出了这个别人都没有发现的重大错误。爱因斯坦接受了玻尔的建议,修正了自己理论中的错误。

1946 年,玻尔为纪念爱因斯坦 70 寿辰的文集撰写文章。文集出版时,爱因斯坦便在文集的末尾撰写长篇《答词》,尖锐反驳玻尔等人的观点。

像这样的争论随时都会发生,但绝对不影响两人之间的友谊。

玻尔高度评价这种争论,说它是自己"许多新思想产生的源泉",而爱因斯坦也在争论中更加了解玻尔:"作为一位科学思想家,玻尔所以有这么惊人的吸引力,在于他具有大胆和谨慎这两种品质的难得融合;很少有谁对隐秘的事物具有这一种直觉的理解力,同时又兼有这样强有力的批判能力。他不但具有关于细节的全部知识,而且还始终坚定地注视着基本原理。他无疑是我们时代科学领域中最伟大的发现者之一。"

两位科学巨人获诺贝尔奖这样的事,也得纠缠在一起,这是更有意思的事。

因为爱因斯坦的相对论在当时理解者太少,所以,本该获奖的他一直没得到这份荣誉。而重要的是，玻尔对爱因斯坦未能获得诺贝尔奖，一直深感不安，并且害怕自己在爱因斯坦之前获奖。

最具戏剧性的是，1922 年，玻尔获得物理学奖的这一年，颁奖方抛弃对相对论的偏见，将 1921 年的诺贝尔奖授予爱因斯坦。两人同时获奖，但时间却是一前一后。

这应该可以称作天遂人愿。

1943 年，玻尔参与美国制造原子弹的工作。在原子弹尚未试验之前，玻尔就指出，如果原子能掌握在世界上爱好和平的人民手中，这种能量就会保障世界的持久和平；如果它被滥用，就会导致文明的毁灭。

玻尔是第一个真实预言原子弹双面效应的人！

求真，其实应该是一个非常平凡的举动，一种非常平凡的思维方式，但是常人很难时时实践这平凡之举，而玻尔做到了，他将对真实的不懈追求虔诚地保持了一生，这使他不仅取得了惊人的成就，而且赢得了物理学界广泛的尊重和爱戴。

我们所处的时代，依现实言，求真这种思维，似乎越来越淡，所以，在我们周围，流通的"假"也越来越多，正应了那句玩笑话："现在除了天气预报是真的，其余都是假的。"

我们的传统中那种求真求实精神，正被人遗忘。

太史公司马迁的豪言"究天人之际，通古今之变"，今人或许还经常提及，但是，对其真义或早已遗忘。司马迁所说的"际"与"变"，都是真真正正的现实风云，"究"与"通"，都是企图去把捉真真正正的现实，所以，体会太史公说的这句话，还不能省略他前面的那段铺垫：

古者富贵而名摩灭，不可胜记，唯倜傥非常之人称焉。盖文王

玻尔：敏于事而勇于行

109

拘而演《周易》；仲尼厄而作《春秋》；屈原放逐，乃赋《离骚》；左丘失明，厥有《国语》；孙子膑足，《兵法》修列；不韦迁蜀，世传《吕览》；韩非囚秦，《说难》、《孤愤》；《诗》三百篇，大底贤圣发愤之所为作也。此人皆意有所郁结，不得通其道，故述往事，思来者。乃如左丘无目，孙子断足，终不可用，退而论书策，以舒其愤，思垂空文以自见。仆窃不逊，近自托于无能之辞，网罗天下放失旧闻，昭考其行事，稽其成败兴坏之纪……凡百三十篇，亦欲以究天人之际，通古今之变，成一家之言。

太史公认为，前贤的发奋立言，都是基于自己经历的真实记录，自己的"无能之辞"，虽谦称为"天下放失旧闻"，但基本都是他广搜博求的"实录"，其"成败兴坏"之理，更是"真精神"，而非无稽之理。

左史记言，右史记事，《尚书》为记事之记，《春秋》为记言之记，自《尚书》《春秋》始，至司马迁之《史记》，走的都是"实录"的路子，史家的"求真"传统也慢慢凝铸成形。特别是至班固这一辈史家，"求真"更是其基本品性，《汉书·河间献王刘德传》："河间献王德以孝景前二年立。修学好古，实事求是。"颜师古注："务得事实，每求真是也。"后经毛泽东的再度阐释，"实事求是"成为对求真求实的最精练表达。

我们的"真诚"传统在当今被侵蚀得有多严重，这几乎不必再去描述，人的内心被物欲奴役，人都在求绳头之利，谁还去管什么"真"与"诚"，谁还有闲工夫去进行那种非功利的哲学思考呢？

我们的发源极早的科学求真精神，被遗忘得更厉害。

我们的科学求真传统中，有一大批人的名字，是应该被时常提及的。

如徐霞客，完全没有任何国家经费资助，全凭一己之力，考察北京、河北、山东、河南、江苏、浙江、福建、山西、江西、湖南、广西、云南、贵州等省，记录这些地方的人文、地理、动植物等的情况，实地考察，真正的田野作业，令人肃然起敬的求真举动。

《徐霞客游记》，其文优美，徐霞客，其人"真"妙。

又如宋应星，其写作《天工开物》，走的完全是"实干兴邦"的路线，所以，他在《天工开物》卷首即言："丐大业文人弃掷案头，此书与功名进取毫不相关也。"他的书，写的都是真东西，是"干货"：

天覆地载，物数号万，而事亦因之，曲成而不遗，岂人力也哉。事物而既万矣，必待口授目成而后识之，其与几何？万事万物之中，其无异生人与有益者，各载其半。世有聪明博物者，稠人推焉。乃枣梨之花未赏，而臆度"楚萍"；釜鬵之范鲜经，而侈谈"莒鼎"；画工好图鬼魅而恶犬马，即郑侨、晋华，岂足为烈哉？

宋应星觉得，自己留给后世的东西，应该是真实的，与民生有关的，能给百姓带来实惠的，所以，小到一砖一瓦的选料、制坯、烧制等，都极其熟悉，他是一个极为熟悉民间生活的工匠、师傅、智者以至大师，不为虚名，只为保持一个知识分子的良知与求真精神。

我们不仅忘记了这些人，也忘记了科学求真的传统，这正是倒洗澡水，连孩子都倒掉了，不，应该说连洗澡的盆子都扔掉了。

现时，我们的科学抛弃了求真的基本要求，"假"东西泛滥，触目惊心。如《中国教育报》2013 年 8 月 6 日的《抄袭剽窃已成

玻尔：敏于事而勇于行

显性行为，数据造假、"枪手"代笔等更难发现——"隐形"不端挑战科研管理智慧》文章报道：

8月1日，国家自然科学基金委通报了一批科研不端的典型案例。除去抄袭、剽窃等公众早已熟知的科研不端行为，数据造假、"枪手"代笔等纷纷上榜，这些"隐"于表层之下的不端行为，尤其考验科研管理机构的智慧。

所谓"隐形"作假，又何止这些伎俩？要考验的，又何止是科研管理机构的智慧呢？应该考验的，是一个国家科学求真的精神、一个民族所具有的进步前景以及知识分子的良知！

如果去总结玻尔能带给我们何种成功启示，首先要想到的，就是他的求真精神！

玻尔：敏于事而勇于行

海森堡: 穷则变

维尔纳·卡尔·海森堡（1901—
1976），德国物理学家，量子力学的创
始人之一。1932年，他以"测不准原
理"获得诺贝尔物理学奖。海森堡是天才
式的科学家，他的天才也表现在他的灵活变通能
力上，这与中国式祖训，如《周易·系辞》中的"穷
则变，变则通，通则久"，完全同趣。

德国物理学家海森堡，也是货真价实的天才。他是继爱因斯坦和玻尔之后的世界级科学家，1932 年，他以"测不准原理"获得诺贝尔物理学奖，当时他只有 31 岁。

海森堡的天才禀赋，其实最早是体现在他的数学才能上，而不是物理学方面。数学对海森堡而言，那就是一种极有趣味的思维游戏，他一个人越玩越觉得嗨。

13 岁时，海森堡就学会了微积分运算，还研究过椭圆函数和数论。估计当时，海森堡也就是个刚入初中学习的学生，一般情况下，这时候的初中生，能将正负数弄得清楚也算不错了，对所谓数论，看起来只能如同读天书。

16 岁时，海森堡曾去辅导过一个考化学博士的女生的数学课。海森堡也是巧舌如簧、口才过人之辈，他唾沫横飞地对那位女生卖弄着艰深的数学知识。女孩自始至终都有点晕，她可能真的无法跟上这位数学天才的思维节奏，所以，她只能双眼迷惘地瞪着眉飞色舞的海森堡。海森堡似乎对此次经历颇感自得，因为事后，他曾开心地对别人说："我不知道她懂了没有，可我自己却学懂了。"

海森堡不到 22 岁就获得了博士学位。

他总是认为，学校的功课对他来说太容易了，他就将多余的时间用来学习弹钢琴，或者是用来自学更高级的数学和物理课程。海森堡被公认为是一个优秀的、有志气的、充满自信心的青年。他的导师、世界级物理学家索末菲对他的评价很高："这几年来，看着海森堡轻易地完成他的学业研究，真令人产生'智者不难'的感

海森堡：穷则变

觉。在理论造诣上，我们都自愧不如。"

有如此数学天分的海森堡，理应在数学上一展风骚，成为一代数学大家，这才应是他顺理成章的生命轨迹。

但海森堡却被一位数学名师驱离了数学乐土。

本来，海森堡确实是打算一生攻读数学的，他太喜欢这种严密的思维游戏了。他的父亲也认为海森堡在数学上是可造之才，于是，带着海森堡去见当时的数学名师林德曼教授。

林德曼教授留着花白的胡子，喜欢清静，不喜欢别人打扰。对海森堡父子的探访当然也不是很高兴。可能，他从一开始，压根就不想听海森堡说些什么，只是想尽快结束这种在他看来令人烦恼的拜访。

林德曼刚听完海森堡想学数学的打算后，便不耐烦地问：

"你最近读了些什么书？"

"韦尔的《空间、时间与物质》。"海森堡颇为得意地回答，因为这本书是著名数学家韦尔写的关于爱因斯坦相对论的书，可能连博士生都看不懂，自己这个中学生倒是看懂了，林德曼肯定会赏识自己，收自己为徒。

没想到，林德曼却直言，海森堡的兴趣不在于纯粹的数学研究，因此毫无情面地说：

那你就根本不能学数学了！

林德曼就这样轻描淡写地把海森堡给打发走了。

这不禁让人联想到钱钟书先生评价黑格尔对汉语无知而又充大师，妄断汉语里没有一字含相反两意的情况时所说的话："黑格尔尝鄙薄吾国语文，以为不宜思辨；又自夸德语能冥契道妙，举'奥伏赫变'为例，以相反两意融于一字，拉丁文中亦无义蕴深富尔许者。其不知汉语，不必责也；无知而掉以轻心，发为高论，又老师巨子之常态惯技，无足怪也……"林德曼估计也是那种"无知而掉以轻心，发为高论"的"老师巨子"，他的一句随意的断语，便有可能将一位天才残酷地放逐掉。

当时，海森堡心里非常难受，觉得自己太失败了，数学可是他的强项啊。

不过，海森堡并没有消沉，数学的路走不通，难道学物理就不行吗？回到家里，他对父亲说："我能读理论物理，能安排我拜见索末菲教授吗？"父亲当然觉得高兴，索末菲是世界级的物理学大师，海森堡也算有眼光。

当然，海森堡顺利地成为索末菲的学生。与林德曼相比，索末菲似乎更有资格为"人师"。

海森堡是个要"眼见为实"的人。

这成为海森堡的个人标签，他不相信看不见的东西，这在物理学界人所共知。有可能，林德曼对海森堡"不能学数学"的断语，令海森堡终身不忘。林德曼什么都没看到，便将自己的数学天分给否定掉了，这在他成年后，能够对自己的价值作出独立的判断了，海森堡难道不会有切肤之痛式的反思？

所以，他得一再提醒自己，什么事，都得自己看见了才相信，不信那蒙人虚语！

比如，玻尔提出原子轨道理论后，虽然没有人看见过原子轨道，但大家都跟着谈轨道理论，似乎所有的人，都亲眼看见了那道轨迹。海森堡就很反感，他认为看不见的东西不可以乱用，只能用那些看得见的东西。后来，玻尔到德国演讲，海森堡听了他的演讲，并且被玻尔清楚明白、富于启发性的演讲深深地吸引。但是，对于玻尔在讲演中一再提到的原子"电子轨道"，海森堡完全反对，他同样觉得，把不能探测的东西加以形象化，这就是一种幻想！海森堡把自己的想法告诉了玻尔，玻尔不仅听取了他的意见，还约他散步，并且请海森堡到哥本哈根去工作。当时，只有20岁的海森堡，个子很小，一脸雀斑，红头发一根根朝上竖着，看上去像个孩子。所以，这次散步还给玻尔惹了点令他哭笑不得的麻烦。第二天晚上吃饭时，两名穿着哥廷根警察制服的年轻人闯进了玻尔的住处，其中的一个拍着玻尔的肩膀说："你因为拐骗幼童罪被捕了！"

玻尔当然不会见怪，他将海森堡请到了哥本哈根，并和他一起思索"测不准"的问题。

在探索"测不准原理"时，海森堡首先采用的是纯计算的方法，结果把自己逼进了死胡同。后来，海森堡换了一种方式来达到自己的目的——由计算改为思考。当时已是深夜，天气很冷，寒风吹脸像刀割一样。精力旺盛的海森堡进入了最佳的思索状态：在原子这样的极端微小的尺度上，对事物能知道的准确程度必然存在着固有的极限。例如，你要证实一个粒子的位置，这就意味着你让这一粒子停留在固定的位置上，而这样，你实际上就改变了它的速度因此也就失掉了速度的信息。假如你测量它的速度，你因此也就不可能准确确定它的位置。一项测量总使另一项测量不准确。

这就是他的"测不准原理"，无疑，海森堡告诉了人们关于事物测量的真相！

无人能否定海森堡的"测不准原理"，因为这就是万物的真相。

这其实是物理世界中的一个极为简单的原理，只是海森堡的细心，洞穿了造物主的这一小小诡计，所以，他因此而拾得了一块全世界最有期待感的奖牌。

海森堡的成功启发我们：在人生的道路上，我们可能会遇到不

海森堡：穷则变

少死胡同。在这样的情况下，就要有此路不通另选他途的思维方式。换一条路，换另外一种办法，我们同样可以到达目的地。海森堡走向数学的路不通了，他便决定在理论物理方面试一试自己的才能；"测得准"似乎不靠谱，就想到"测不准"；纯计算不行了，就改为自由思考等，都是换道而行的做法，结局是意外地令人惊喜：他获得了诺贝尔奖。

中国先人，亦多有换道而行的行事方法。

《庄子》里讲到的"朝三暮四"的故事，恐多引人误解。

这个故事的详细描述版本是：

宋有狙公者，爱狙。养之成群，能解狙之意；狙亦得公之心。损其家口，充狙之欲。俄而匮焉。将限其食。恐众狙之不驯于己也，先诳之曰："与若芋，朝三而暮四，足乎？"众狙皆起怒。俄而曰："与若芋，朝四而暮三，足乎？"众狙皆伏而喜。

一个喜欢养猴的老头，深谙猴道，只是换了一个说法，便引得众猴折服，这也确实是人的高明处。

庄子的"朝三暮四"，是想智慧地告诉后人，换一种方式，哪怕就是一个小小的说法，都能取得令人惊喜的效果。此路不通，另选他途，本是解决问题的常用思维方法，但在现实生活中，不知变通，一条道走到黑的人也非没有。

"朝三暮四"现在用于形容用志不一或用情不专，实是大大悖于庄子本意。

于"权道"极精的汉高祖刘邦，在用"变通"手法处理问题这一点上，实值得我们借鉴。

比如对待随何。

海森堡：穷则变

刘邦知道随何是个有胆识、能干实事的人，想要褒奖他，但又怕别人不服，所以，在论功宴上，刘邦给随何戴了个帽子："腐儒！"《汉书·韩彭英卢吴传》中载：

项籍死，上置酒对众折随曰腐儒，"为天下安用腐儒哉！"随何跪曰："夫陛下引兵攻彭城，楚王未去齐也，陛下发步卒五万人，骑五千，能以取淮南乎？"上曰："不能。"随何曰："陛下使何与二十人使淮南，如陛下之意，是何之功贤于步卒数万，骑五千也。然陛下谓何腐儒，'为天下安用腐儒'，何也？"上曰："吾方图子之功。"乃以随何为护军中尉。

"腐儒"一说，在当时估计是极令人丢面子的，所以，随何当时便很恼火，当场便给刘邦一顿好呛，用数据说话，辅之以合情合理的分析，谈锋甚健。

当然，随何可能完全不明了刘邦这只草莽出身的狐狸当时心里的算盘。所以无怪乎刘邦对随何的话，只给了个简单却极其实惠的回答："吾方图子之功。"

刘邦要是不玩个这样的小阴谋，估计随何成为护军中尉便要艰难很多！

因而，人要想获得成功，有时候，确实要换条路走。

海森堡：穷则变

蒂勒、查德威克：日三省吾身

马克思·蒂勒（1899—1972），出生于南非的比勒陀利亚。由于成功研发出黄热病疫苗，挽救了无数人的生命，蒂勒获 1951 年的诺贝尔医学或生理学奖。

蒂勒与查德威克都是善于反思的科学家，我们的传统，在曾子那里，便有"日三省吾身"的告诫，这句箴言曾带给中国人多少修身处世的智慧能量，实无法估量。

反思，其实就是人在践行苏格拉底的那句箴言："人要认识自己。"每一次反思，就是人对自我的一次无限接近，善于反思者，最少是在内心上能完成某种程度自我清洁的人。

这种内心的自我清洁，开启的将是一场富有意味的成功冒险。

《论语·学而篇》记前贤曾子之言："吾日三省吾身——为人谋而不忠乎？与朋友交而不信乎？传不习乎？"曾子的意思是："我每天多次反省自己——替人家谋虑是否不够尽心？和朋友交往是否不够诚信？传授的学业是否不曾复习？"曾子此处强调的是人在任何时候，做任何事情，都要会反思，反思的层次，不仅仅在忠信等几个小切面，而应该是在人生的一举一动中。

所以，《论语·里仁篇》再现孔子的警世名言："见贤思齐焉，见不贤而内自省也。"有了"贤"这个中国最传统的量人标准，自省与反思，就成了一个有普世价值的行为。

在诺贝尔获奖者中，借反思这一思维方法来获得成功的人很多。

1951 年的诺贝尔生理学或医学奖，授予南非的马克思·蒂勒博士，马克思·蒂勒就是一个善于反思的人。

蒂勒博士当时从事的是世界上最尖端的课题研究：专门研究开发黄热病疫苗。当时，黄热病曾广泛流行于西南欧洲沿海地区、美洲大部分地区和西南非洲地区，是一种极为恐怖的恶性传染病，谁要是得了这种病，就如现在得了癌症，等于被上帝"判了死刑"！

这种病夺去了难以数计的人的生命，而在蒂勒博士发明疫苗以前，人们根本就不了解这种病的发病原因，因而无法治疗。这种恐怖的病症，在当时人的心头上投注下多么沉重的压力，可以想见。

在那个时候，谁要是发明了治这种病的方法，就如现在找到了治疗癌症的方法，试想，这样的重大发明不获诺贝尔奖，谁还能获此殊荣呢？

蒂勒博士出生在南非，见过这种病人，能够深切地感受到黄热病带给人类的恐惧和痛苦。所以，他把攻克这个医学难题作为自己的研究目标，希望能尽快找到好的治疗方法，消除病痛，挽救生命。

当时，医学研究者普遍认为，除人以外，只有猴子对黄热病病毒具有感受性，所以全部用猴子做实验。可是，猴子的数量有限，要抓到猴子也很困难，这样一来，研究的速度就很慢。蒂勒博士想，难道只能用猴子而不能用其他动物代替吗？他觉得肯定不是这样，于是试用价格便宜、数量大的白鼠代替猴子做实验动物。经反复试验，他不仅发现这个方法可行，而且借此获得了很多研究黄热病疫苗的第一手资料。

解决了研究手段这个问题，蒂勒博士开始研究开发黄热病疫苗。在研发疫苗的过程中，他遇到了常人无法想象的困难，有时候，他几乎觉得这项实验已经走入绝境，根本无法做下去了！

但是，蒂勒博士不急于求成，更不气馁，他时时反思自己实验过程中的每一个细节，时时反思自己的实验数据存在什么问题等，最终，他成功研制出人们称之为 17D 变异株的黄热疫苗。

孟子在《孟子·离娄》中说："爱人不亲，反其仁；治人不治，反其智；礼人不答，反其敬。行有不得者皆反求诸己，其身正而天下归之。"孟子这种"反求诸己"的思维方式，是告诉世人，反思自己更重要：爱人而人不亲近，便要反思自己是不是不够仁义；治人而不达，则要反思自己的智慧；待人有礼而别人不领情，则要反思自己对人的尊敬度；若能如此，则自身正而天下人服。孟子的话，对成功做人，不无助益。

孔子对自己识人之误的反思的故事，也值得一读再读。《史记·仲尼弟子列传》载孔子之语："吾以言取人，失之宰予，以貌取人，失之子羽。"孔子以宰予能言善辩，曾给以赞许，但"宰予昼寝"，白天睡大觉，非常懒惰，且无仁德，所以，孔子最后责宰予："朽木不可雕也，粪土之墙不可污也。"而对于子羽，即澹台灭明，孔子首先以其"状貌甚恶"而认为其"材薄"，孔子还差点因此而拒收其为弟子，但子羽"既已受业，退而修行，行不由径，非公事不见卿大夫。南游至吴，从弟子三百人，设取予去就以为诺，名施乎诸侯"。

孔子与孟子，都是值得仿效的反思圣贤。

元初名臣许衡在《许鲁斋语录》中曾说："责得人深者必自恕，责得己深者必薄责于人，盖亦不暇责人也。自责以至于圣贤地面，何暇有工夫责人。"一个不知道反思的人，总是喜欢从别人处找借口，一个善于反思的人，根本没时间去指责别人！

蒂勒、查德威克：日三省吾身

查德威克（1891—1974），英国物
理学家。查德威克因发现了"中子"，
获 1935 年度诺贝尔物理学奖。

1935 年获诺贝尔物理学奖的 J. 查德威克博士，就是一个"责"自己极"深"的反思者，他因为发现中子而获得诺贝尔奖。

早在 1920 年，查德威克从自己的老师、著名物理学家卢瑟福的研究中就猜想到中子的存在，而且，他一直在寻找中子。但是，中子不带电，与其他粒子没有相互作用，所以它的运动不会留下明显的痕迹，因而很难被捕捉到。

有一天，查德威克正在阅读约里奥·居里夫妇撰写的一篇学术报告。报告中说："当铍射线遇到石蜡时，射线被石蜡挡住，同时还从中打击出了质子。"查德威克读到这里，大受启发，马上开始反思自己以前的研究：铍射线撞击时，自己停住了，而本来静止不动的质子却飞了起来，这说明铍射线的质量应该和质子的质量是相同的。但和质子比较，铍射线的穿透力要大得多，铍射线应该不会停住！但是铍射线为什么停住了呢？只有一种解释说得通：铍射线不带电，在穿透物质的过程中，铍射线没有受到任何带电的引力或排斥力的影响，所以穿透力格外强。

这种和质子同质量的、不带电的中性粒子，就是中子。

查德威克从别人的研究出发，但并未指责别人的不足，而是回过头来反思自己的研究，终获成功，对我们的启发应该是非常大的。

在现实生活中，很多人都没有反思自己行为的思维习惯。而反思的习惯，能让我们在跌倒的地方站起来，能让我们通过总结自己和他人成败得失的经验教训而不断前进……

唐太宗的那句有关"反思"的千古名言，还是值得反复咀嚼的：

夫以铜为镜，可以正衣冠；以古为镜，可以知兴替；以人为镜，可以明得失。朕常保此三镜，以防己过。

蒂勒、查德威克：日三省吾身

德布罗意、盖尔曼：通古今之变，成一家之言

路易·维克多·德布罗意 (1892—1987)，法国著名物理学家，物质波理论的创立者，1929 年，因为"波粒二象性"理论而获诺贝尔物理学奖。

德布罗意与盖尔曼都拥有"超强大脑"，能自由出入不同的学科领域。在中国历史上，有这种"超强大脑"的人亦为数不多，如张衡这样的科学巨子，以及在儒、释、道"三教"汇通的贤者，或者如王维这样的诗、书、画均精通的大师，都是这种有"超强大脑"的人。

知识的复合、交叉、互渗，已经是这个时代获得成功的"硬件"了。

思维要能"走村串巷"，以将自己的大脑捶打成一颗"超强大脑"，可以在不同知识领域之间自由出入。

中国的古圣先贤中，有一批具有这种超强大脑的人，这批人深染文人传统，又具有自然科学的修为，推动着中国科学的艰难进步。以明末"实学"风潮中的诸君子为例，便可明此中意。明末实学之风勃兴，农业、手工业、天文、数学、水利、军事、采矿、冶金等领域，诸秀并出，成就斐然，如李时珍的《本草纲目》、徐光启的《农政全书》、宋应星的《天工开物》、方以智的《物理小识》、茅元仪的《武备志》等，无不领秀百代，影响深远。即便是数学这样的较为抽象的领域，也向实学方向迈进，如吴敬的《九章算法比类大全》，便将数学引入商业行为中，如利息计算、合伙经营、就物抽分（以货抵运费或加工费计算方法）等，正是应用数学的具体运用。以现在的眼光来看，明末实学诸子，都是能脚踏文、理，在诸多学科领域可以自由运动的人。

比如宋应星，出身"尚书门第"，其先祖宋宇昂、宋迪嘉、宋景三人均受封为尚书，诗书继世，奉儒守官，是他成长的家风。青年时期的宋应星，在明季科举取士的国家用人体制下，也身不由己地将自己纳入这一轨道中，并且小有斩获。"万历四十三年应星年二十九岁，与其兄应昇同魁其经，应星名列第三，一时有'两宋'之目，五上公车不第。""同魁其经"之意，即宋应昇撰《思南公传》

所言"乙卯之役,孙应昇、应星并得魁于乡〔试〕",当然,乡试只是科举考试的第一步,离金榜题名、蟾宫折桂有着既遥远又艰辛的一长段距离。宋应星只在科举之路上迈出一小步便戛然而止,"五上公车不第",有着独立价值判断的宋应星便绝意科举,另走他途。

在《天工开物》的"自序"中,宋应星直陈:"丐大业文人弃掷案头,此书与功名进取毫不相关也。"宋应星抛弃功名,进入"实学"领域,关注底层百姓的生产、生活。如果对《天工开物》一书有阅读,就会发现,宋应星对各种生产活动的细节的了解,令人惊叹,而他渗透于其中的对底层社会的人文关怀,同样令人感动。

宋应星诸人的成功,似乎都有一种模式,即既依傍原有的领域,又进入另外一个全新的领域里进行耕作,并且收获颇丰,足以名垂青史。

没有一颗超强的大脑,何能至此?

在诺贝尔获奖者中,也有这样的超强大脑,德布罗意便是。

1929年,法国的德布罗意获诺贝尔物理学奖。看完德布罗意走向诺贝尔领奖台的旅程后,会让你目瞪口呆。

德布罗意出生于法国贵族家庭。在大学里,他攻读历史,对历史学有着浓厚的兴趣。

一个非常偶然的机会,德布罗意闯入了物理学研究领域。一天,德布罗意正在家里待得无聊,随手拿起学物理的哥哥忘在家中的一份学术会议记录来看。这份会议记录是哥哥参加一次关于"光量子理论"的学术会议时记下来的。

好家伙,会议记录里的东西一下就吸引住了德布罗意,使他忘掉了周围的一切。按照这种理论,学历史的德布罗意展开了自己的

想象:

如果我在砧板上准备切一条鱼时,这条鱼突然化成波,在我眼前像烟一样消失了,这是多有意思的一幕!

德布罗意被深深地吸引住了!当时,德布罗意也了解一些物理知识,知道爱因斯坦提出的"光既是波长也是粒子"的光量子理论。他琢磨着:"光是波,这不难理解,就像雨后的彩虹,由于各色光的波长不一样,它们遇到水珠后产生的折射率也不相同,使原本混在一起的各色光产生错位,形成我们看到的七色彩虹。"这个很容易理解。"但是,将光看作是粒子,也就是一种物质,这就让人太难理解了!我眼前充满了光,这是一种粒子吗?"德布罗意不停地问自己。

德布罗意戏剧性地闯入了物理学研究的世界,接着,他又做了一件非常具有戏剧性的事。

他如此渴望去解开光是粒子即是一种物质这个谜,但又觉得自己的物理学知识非常不够用,于是决定:"看来,要想解决这个问题,我只有再上大学,去学物理!"

德布罗意说做就做,果真再上大学攻读物理学。

从德布罗意的行为可以看出,法国人的浪漫精神,在学术研究领域也得到完美表现!

学习期间,他了解到波动不是粒子,但光是波动,并且是粒子,这一学说已通过实验得到确认。他想:"光不就成了粒子与非粒子(即波动)这样一种非常矛盾的物质吗?这说出来会让人笑掉大牙啊,应该怎样来为这个矛盾找到合理的解释呢?"

德布罗意苦思冥想,这个问题让他吃不下,睡不着,可是还没答案的影子！突然，他脑子"灵机一跳"，学文科时，哲学上不是讲到矛盾这个概念吗？而且还说矛盾是事物本来就具有的特性，事事有矛盾，时时有矛盾，是普遍存在的现象，这样一来就非常好解释了："光具有粒子与非粒子这两种特性，就是光的矛盾性的体现，光就是以这种方式存在着的，所以，这不需要证明，应该原封不动地接受这个事实！"更有意思的事，德布罗意还认为："不仅光具有这种特性，世界万物都具有这种特性！"

这就是德布罗意的物质波理论，他就是因为物质具有波粒二象性而获得诺贝尔物理学奖的。

德布罗意把任何物质都具有波粒二重性的理论作为自己在巴黎大学的博士论文提交给学校。然而巴黎大学却拒绝了这篇论文，理由是这篇论文虽然有大胆的设想和推理，但基本上是想入非非，无法证实！

不过，德布罗意的理论的价值很快就被其他物理学家发现了，著名物理学家薛定谔提出自己的波动方程时，明确地表示自己的灵感主要来源于德布罗意的创造性论文。

　　默里·盖尔曼（1929—　），美国物理学家，在粒子物理学、复杂性研究等方面都取得了卓异成绩。1969 年，盖尔曼因"夸克"理论获诺贝尔物理学奖。

天才物理学家默里·盖尔曼，他的超强大脑，在不同领域行走，似乎像串门拉家常一样简单。

1969 年，美国天才物理学家默里·盖尔曼获诺贝尔物理学奖。盖尔曼是"夸克"的发现者，他的获奖理由是对"基本粒子分类及其相互作用方面的贡献和发现"。

众所皆知，物质是由分子构成的，分子是由原子构成的，原子是由电子、质子、中子等基本粒子组成的，那基本粒子又是由什么构成的呢？盖尔曼的研究目光盯准了这个问题——基本粒子由比基本粒子更基本的亚粒子组成，亚粒子就是盖尔曼所说的"夸克"或"层子"。盖尔曼的天才发现，把我们对物质结构的认识带入了更微观的层面。

盖尔曼从小就养成了这样一个思考问题的习惯：喜欢将毫不相干的事物捏合在一块，然后寻找它们之间的特殊联系。盖尔曼最喜欢说的一句话就是："有些事实和想法初看起来彼此风马牛不相及，但新的方法却很容易使它们发生关联。"盖尔曼就有这种天才，他的脑袋有极强的"走村串巷"的能力，能从一件事情迅速联系到另一件事情，从一个学科迅速串到另一个学科，并且找出它们之间的完美联系。

在哥哥的影响下，盖尔曼很小的时候就进行鸟类、哺乳动物的观察和昆虫、植物标本的采集，养成了研究自然界生命的浓厚兴趣。终其一生，盖尔曼一边狂热地研究鸟类等生命现象，另一方面又孜孜不倦地探索基本的物理定律，他总是能在不同的研究领域里

德布罗意、盖尔曼：通古今之变，成一家之言

来去自如，令人惊叹！盖尔曼发现了自然界很多有趣的地方：只要在某地看到一只黄莺鸣叫，在附近一定会发现另一只；在这个地方挖出一块化石，在附近的地方一定能再碰到另一块同样的化石；自然界虽然多姿多彩，却以一个惊人的方式组成一个整体！这个整体始终充满着复杂性与简单性两种状态，盖尔曼的思维总是在这两种状态中穿梭，比如雄健的美洲豹的复杂性与他的夸克研究之间如何联系。

盖尔曼的脑袋在不同的学科、专业、领域之间行走，他的这种思维方式也影响着周围的人。圣菲研究所是盖尔曼帮助建立并且一直为之工作的研究所，这个研究所最显著的特点就是跨专业合作。研究所云集着各类"高手"：数学、计算机科学、物理学、化学、生物学、生态学、免疫学、考古学、语言学、政治学、经济学、历史学等，真是应有尽有。圣菲研究所是个有着明显"盖尔曼风格"的大熔炉，不同的知识在这里汇聚，碰撞出美丽耀眼的智慧火花，使它成为世界上最优秀的研究所之一。

任何熟悉盖尔曼的人都知道，他是个对错误不能容忍的人。盖尔曼在饭店吃饭时，经常干的事就是纠正饭店菜单上法文、意大利文或西班牙文的词汇错误。如果他在书中发现有错误，他更会变得怒不可遏。

像盖尔曼那样，口味很"杂"，跨越不同的学科与专业，摄取的知识养分就会多种多样，诸如钙、铁、锌等元素样样具备，五谷杂粮与山珍海味都能摄入，自然就有好身体！而且，在知识面广博的基础，看待同一件事物就会有与众不同的眼光，所取得的发现也就异于常人，盖尔曼等人就是这样走向成功的。

肖洛霍夫：谣言止于智者

　　米哈依尔·肖洛霍夫（1905—1984），苏联著名作家，《静静的顿河》《被开垦的处女地》为其代表作。1965年，因其作品"在描写俄国人民生活各历史阶段的顿河史诗中所表现出来的艺术力量和正直品格"而获诺贝尔文学奖。

　　肖洛霍夫能远离谣言中伤，是他获得成功的重要原因。中国的传统文化中，从《尚书》中盘庚对官员的"逸言""浮言""逸口"的告诫开始，便将如何远离谣言的智慧告诉后人，聆听这样的告诫，能使我们离成功更近一步。

谣言，总充满着魅惑。

似乎，人有了语言能力，便有谣言伴生。

也似乎，语言这一美人身上，必附赘疣？

在中国最早的官方文献汇编里，就有着警惕谣言的告诫。《尚书·舜典》载："龙，朕堲谗说殄行，震惊朕师。命汝作纳言，夙夜出纳朕命，惟允。"舜之所以命龙这个人为"纳言"之职，就是因为有"谗言"，"谗言"中，有多少不是谣言呢？又如《尚书》中"金滕"之作，正是周公代成王执政时，被管、蔡"公将不利于孺子"，即周公不利于成王的流言所害，因而不得不作祝册以明心志。

史上最无耻的谣言，应该算周幽王的烽火戏诸侯了。褒姒的姿色，可能正如《东周列国志》中所说："目秀眉清，唇红齿白，发挽乌云，指排削玉，有如花如月之容，倾国倾城之貌。"为博美人一笑，周幽王不惜千金为赏，于是，一个遗臭万年的主意产生了，那就是在边塞上燃起用于宣战的烽火，而最终让褒姒发出似笑还哭的厉笑。周幽王的谎言，对众诸侯来讲，就是一场彻头彻尾的谣言，这种谣言，足以让人心涣散，国家崩塌。

诺贝尔获奖者中，也有饱受谣言攻击的人，肖洛霍夫便是。

人们似乎对法国著名作家萨特拒绝接受诺贝尔文学奖这一事实极为熟悉，但对萨特拒绝诺贝尔奖的原因又少能关注。除了萨特"拒绝接受一切荣誉"外，还有一点就是他认为苏联的米哈依尔·肖洛霍夫应该得奖而没得，使他怀疑这个奖项的公正性。

肖洛霍夫：谣言止于智者

萨特是首屈一指的大师，他的举动说明了肖洛霍夫在世界文学殿堂里占有多么重要的位置。

1965年，肖洛霍夫"由于他在描绘顿河的史诗式的作品中，以艺术家的力量和正直，表现了苏联人民生活中的具有历史意义的面貌"而获得诺贝尔文学奖。但"授奖词"中特别提到肖洛霍夫"直到今天才享受这一荣誉，实在太晚了"。虽然有点晚，但荣誉还是非常公正地落在这位"农民作家"头上。

肖洛霍夫1905年5月出生于顿河流域克鲁日林村的一个商店职员家庭，由于战争的原因，肖洛霍夫只读过四年书，他的成功完全来源于刻苦自学。由于长期生活在顿河流域，他非常熟悉顿河哥萨克的风俗习惯，并且亲身经历了当时一系列的战争，这成了他一生中取之不尽的创作资源。

肖洛霍夫在瑞典的颁奖仪式上说："我作为一个作家，无论过去和现在都认为自己的天职在于，用我过去和将来的一切作品，向劳动的人民、建设的人民、英雄的人民表示敬意……我希望我的书，能够帮助人们变得更完美，心灵更纯洁，能够唤起对人的爱，唤起人们积极地为人道主义和人类的进步理想而斗争。如果我多少能做到这一点，我就是幸福的。"

肖洛霍夫一辈子都被谣言包围着，但他的高明之处在于他能识别谣言，坚持自己所必须坚持的原则，从而远离谣言，这才是真正的智者。

在当时，有很多人说肖洛霍夫不识抬举，因为他为了保持作家的正直，远离谣言，而拒不与当局合作，不接受当局的各种高官职位安排。斯大林说："《静静的顿河》写了一些极为错误的东西。"而且斯大林还暗示肖洛霍夫在《静静的顿河》里只强调了人民创造并推动了历史，没有注意那些英雄人物在历史进程中所起的重要作用。言下之意，就是肖洛霍夫没有更多地在作品中颂扬他。《肖洛霍夫的秘密生平》一书的作者奥西波夫说："在提到斯大林的地方肖洛霍夫惜墨如金——总共不到9—10页。作家并不崇拜作为护主的领袖；而是让他仅限于担负'事务性的功能'。"这显现了肖洛霍夫不惧无端之词，保持了一个作家极为宝贵的独立品格。

20世纪70年代初，执掌苏联政权达18年之久的勃列日涅夫对肖洛霍夫说："你别往伤口上撒盐了。"意思是肖洛霍夫不要再写战争题材的小说了。肖洛霍夫听了，回家就气愤地对家人说："看来党不再需要我写战争与战前生活的小说了。"他气愤地将最后一部长篇小说《他们为祖国而战》的手稿一把火烧掉了，以示他对这种政治谣言的不妥协态度。

《静静的顿河》发表后，肖洛霍夫获得巨大的成功，当时他还只有28岁，之前只发表过一些短篇小说，从未引起过轰动。这时，谣言四起了，最致命的谣言是说《静静的顿河》不是他写的，理由是肖洛霍夫当时太年轻（开始写这部小说时只有21岁），而且还说他连小学都没毕业，不可能有小说中写到的那么宽泛而深厚的经验、阅历，不可能有小说中写到的历史和博物方面的知识。

左琴科对肖洛霍夫的造谣中伤最为猛烈。左琴科一直在中伤肖洛霍夫，1974年，左琴科获得诺贝尔奖，在扬眉吐气之余，报复之心突涨。在左琴科被驱逐出境后，他在巴黎抛出了一本叫《〈静静的顿河〉的马镫》的书，书中说肖洛霍夫肯定是剽窃者，还把剽窃的对象抬了出来，说那是顿河地区的另一名叫费多尔·克留科夫的作家，那人在肖洛霍夫之前，写过一部小说，也叫《静静的顿河》，只不过只写了一部分。左琴科到处散发这本书，还接受记者采访，诉说肖洛霍夫的抄袭行为。似乎这样还不过瘾，还不足以完全颠覆肖洛霍夫的形象，他甚至在自己的小说《红轮》中，大肆攻击肖洛霍夫。

肖洛霍夫除了说左琴科不正常外，没有怎么反击，他相信，谣言自会不攻而破，无须争辩。后来，学者们对比分析了费多尔·克留科夫和肖洛霍夫的两部同名作品的风格特征，得出的结论是："克留科夫的风格与肖洛霍夫的风格有较大差异，而肖洛霍夫的风格与《静静的顿河》的风格十分接近，克留科夫不可能是《静静的顿河》的作者。"1999 年，肖洛霍夫的《静静的顿河》手稿面世，证明了这个结论无可辩驳。

肖洛霍夫抵达斯德哥尔摩之后，大批记者前来访问他，他幽默地说："当我得知获得 1965 年诺贝尔文学奖那天，正在打猎，我开了两枪，天上除了落下两只大雁之外，还十分意外地掉下诺贝尔文学奖。"这么高贵的"猎物"是千万只大雁也无法比拟的。

关于颁奖典礼的现场情况，美联社一位记者写道："哥萨克从不向人鞠躬致意，就是在沙皇面前，他们也不这么做……"令这位记者以及所有西方人吃惊的是：这位穿着燕尾服的哥萨克准确无误地完成了一个头部致敬动作，不过，这个动作非同一般——不是低下头，而是出人意料地抬了一下头，动作是做完了，方向却是完全相反。

这是远离谎言、追求真实的结果。而要做到这一点，除了才华之外，更需要正直、勇敢、百折不挠的倔劲和超人的"狡猾"再加上幸运。

在当下的网络环境中，我们面临的谣言生成环境，比肖洛霍夫的时代复杂得多，谣言有了更便捷的传播途径，而且，有了更强的杀伤力，如何在网络环境中做一个能辟谣的智者，恐怕不仅仅是为了免受谣言伤害，更是如何远离谣言以获成功的必备技能。曾经在网络上传播的那些谣言，如地震谣言、核辐射与化工污染谣言、伤害公众谣言、食品安全谣言等，现在都已烟消云散，"蛆橘事件""皮革奶粉""抢盐风波""滴血食物传播病毒"等事件的实情大白于天下。而这些谣言带给我们的教训、伤害，要永远记取。

在生活中，谣言可能在你毫无准备的情况下"袭击"你！如何远离谣言、追求真实？要做到这一点，必须有真正过硬的本领，加上正直、勇敢、百折不挠的倔劲，肖洛霍夫告诉我们要永远要相信：谣言止于智者！

纳什、居里夫人：士不可不弘毅

　　约翰·纳什（1928—2015），美国著名经济学家，博弈论的创始人，在博弈论、微分几何学和偏微分方程等领域有独到的研究。1994年，因为在非合作博弈的均衡分析理论方面所作的开创性贡献，纳什与另外两位数学家共同分享了该年度的诺贝尔经济学奖。

　　纳什和"居里夫人"都是能直面"苦难人生"而获得成功的巨匠。在中国的传统文化中，"多难兴邦""苦其心志，劳其筋骨，饿其体肤，空乏其身，行拂乱其所为"等立身立业箴言，都昭告世人：要顶着苦难"生长"！

苦难，让人生的底色锃亮。

读苦难者的人生故事，带给我们的是永远鼓舞人心的温暖力量。苦难者的人生，最终必定是有厚度的耐人咀嚼的人生。

大书法家颜真卿颜鲁公，便为世人提供了有如此底色的人生。

颜鲁公曾朗声吟唱："三更灯火五更鸡，正是男儿读书时。黑发不知勤学早，白首方悔读书迟。"这首劝学诗，可能是所有励志诗行里最简单却又是最有感染力的，简单的字眼中，饱含着智慧的力量。

颜真卿三岁丧父，由母亲抚养长大，性至孝。殷亮在《颜鲁公行状》中说："公以家本清贫，少好儒学，恭孝自立。贫乏纸笔，以黄土扫墙，习学书字，攻楷书绝妙，词翰超伦。"人们对颜真卿的书法地位非常了解，"颜筋柳骨"亦成套语，但对颜真卿成长过程中的"贫乏纸笔，黄土扫墙"以习书法的苦难痕迹，并不见得有多少人熟知。一个将汉字的书写艺术张扬到极致的书法大家，竟是在滚滚黄尘中完成了自己脱胎换骨式的蜕变，足以让人内心震撼！

颜公在书法史上的地位，有几位名人的说法颇有意味。欧阳修说："颜公书如忠臣烈士，道德君子，其端严尊重，人初见而畏之，然愈久而愈可爱也。其见宝于世者有必多，然虽多而不厌也。"颜书传世作品甚多，有"千作千面"的变化，却丝毫不见憎厌，这也是难得之境！苏轼说："诗至于杜子美，文至于韩退之，画至于吴道子，书至于颜鲁公，而古今之变，天下之能事尽矣。"自视甚高

纳什、居里夫人：士不可不弘毅

的苏东坡对欧阳询都不称道，而对颜鲁公却如此推许，极富意味。

北宋的欧阳修，也有与颜真卿相似的苦难。欧阳修小时候，虽天资过人，但仍是贫寒子弟，无钱买纸买笔，其母郑氏便用荻草代替毛笔，教他习文练字。欧阳修沐浴着苦难成长，不仅书法精进，而且学问有成，终成一代名臣。

诺贝尔获奖者中，能拥抱苦难、经受苦难打磨的人，为数不少。

"博弈论"的创立者，孤独的纳什便是。

"博弈论"现在是广为人知的理论了，这种理论的基本原理就是让共同参与某项活动却又利益冲突的各方，如何作出有利于自己的选择，但最终结果却可能是共同受益。

美国数学家纳什是国际公认的"博弈论"创始人之一。这位孤独的天才，这位受精神病折磨达30年之久尔后又走出病魔阴影的诺贝尔奖获得者，在其事迹拍成电影《美丽心灵》后，一次又一次地感动着世界。

小时候的纳什性格内向，很孤僻，从小就是个独行侠，不喜欢和同龄的孩子玩耍，但谁都承认，这是个奇特而又绝顶聪明的孩子。

没有别的玩伴，书成了纳什最好的朋友。父母曾送给他一本《康普顿插图百科全书》，他如痴如醉地沉入到了这个奇妙的世界里。纳什现在都承认，他最早的科学熏陶即来自于这本百科全书。孤僻把纳什引向了另一个精彩的世界——书的世界，这是上帝对他的特别眷顾。

纳什是个执着的学习狂人，是个钻在书堆里爬不出来的"书虫"。他胶着于书本，以致忘记了书本以外的世界。纳什最大的爱好就是喜欢解答那些折磨人的数学难题，他可以为这样的数学题几

纳什、居里夫人：士不可不弘毅

天不吃不睡，可以忘记外界的一切。正是不怕受难题折磨，纳什打下了深厚的数学基础，为他创立"博弈论"准备了必需的数学知识。

30 岁时，纳什陷入了严重的精神危机：他担心被征兵入伍而毁了自己的数学创造力；他梦想成立一个世界政府；他认为《纽约时报》上的每一个字母都隐含着神秘的意义，而只有他才能读懂其中的寓意；他认为世界上的一切都可以用一个数学公式表达；他给联合国写信，跑到华盛顿给每个国家的大使馆投递信件，要求各国使馆支持他成立世界政府的想法；他迷上了法语，甚至要用法语写数学论文；他认为语言与数学有神秘的关联……

精神分裂症如一个巨大的数学难题，折磨着纳什。纳什不惧怕这道难题，在家人和朋友以及普林斯顿大学的关怀下，他解了这道题 30 年，终于找到了答案。60 岁时，他奇迹般地走出疾病的阴影，获得诺贝尔经济学奖。

纳什清醒的时候，会完全沉浸在自己的学术世界里。他拒绝回答与学术无关的提问，拒绝追星族送上的鲜花，他甚至不会在演讲开始的时候说上几句客套的话。2005 年 5 月，纳什应邀到北京工商大学演讲。当年逾古稀的纳什走进北京工商大学的礼堂时，全场近千名师生爆发出了热烈的掌声，几名学生甚至激动得热泪盈眶。但是纳什似乎对眼前的场面无动于衷，他看起来总是在沉思，沉浸在自己的世界中。

纳什在谈到自己对"博弈论"的贡献时，总是会这样坦然地评价自己——他只做了两件事情：一是研究讨价还价的问题；二是关注了经济问题并从数学的角度加以分析。

纳什最终完胜了精神苦难，成为一个思想的强者。

玛丽·居里（1867—1934），世称"居里夫人"，法国著名波兰裔物理学家，研究领域涉及放射性理论、分离放射性同位素技术等。1903年，居里夫妇和贝克勒尔因为对放射性的独创性研究，分享该年度的诺贝尔物理学奖；1911年，因发现元素钋和镭，第二次获诺贝尔化学奖，是历史上第一个两获诺贝尔奖的人。

居里夫人也是一位用一生去拥抱苦难、思考苦难的获奖者。

玛丽·居里夫人 1903 年获诺贝尔物理学奖、1911 年获诺贝尔化学奖，一人两次获奖，这在所有获奖者中非常少见，而且，居里夫人是唯一一个两次获奖的女性科学家。

平时，有关居里夫人，被谈论得最多的是她对苦难的承受。

可能，造物之神出于公心，让人享受成功的愉悦，必然让其承受苦难的锥心之痛。

不然，成功的居里夫人，何以有如此多灾多难的人生经历？

例如，居里夫人在强烈求知欲的驱动下，冲破当时妇女接受教育的种种限制，不顾家庭的贫困和生活的压力，在 20 岁刚出头的时候，就孤身一人来到巴黎高等学院求学！当时，女人求得受教育的权利，极其困难。没有对苦难惊人的承受能力，在当时的条件下，无论如何也不可能做到这一点！

又如居里夫人获取镭。为了从矿石中提取比铀放射性更强的元素，居里夫人每天需要把几十公斤重的矿石弄碎并且熔化，以便分离杂质。居里夫人在丈夫的支持下，几年如一日重复着这种高强度的劳动，并且还得做各种试验。从 1898 年到 1902 年，在处理了 30 多公吨沥青铀矿石后，她不仅获得了 0.1 克的镭盐（氯化镭），测出其原子量为 225，而且还得到了另一种放射性元素，居里夫人为了纪念祖国波兰而将之命名为钋。

再如居里夫人的丈夫，是她事业最有力的支持者，由于长期从事高强度的工作和接触放射性物质，不幸去世。丧偶之痛、失亲之

纳什、居里夫人：士不可不弘毅

苦，对一个女人来讲，往往是致命之击。但居里夫人承受着丧失亲人的巨大痛苦，追寻丈夫的足迹到巴黎大学任教，成为该大学的第一名女教授。居里夫人继续研究镭的放射性能，并用四年时间获取了纯镭，因此，她于1911年再度获诺贝尔化学奖。

拥抱苦难，是一个成功科学家必须选择的金钥匙，因为科学研究是一个充满着无限艰辛的探索过程，不能吃苦，永远不能到达目的地。

应该看到，居里夫人不仅能吃苦，而且敢于冒险，她那种为了科学研究豁出一切的冒险精神一样能感动世人！

居里夫人在去世前一年曾说下这样的话："科学家就像睁大着眼，期盼着故事情节往下发展的小孩一样。对科学家而言最重要的是具有冒险精神……"居里夫人充满艰辛的探索过程，同时就是她不断冒险并取得成功的过程。

居里夫人二十多岁时离家，独身前往巴黎求学，这对当时的居里夫人来说，不仅首先得给自己提出严重警告："这事必须要做好吃苦的准备！"而且这严重警告后面同时也跟着一个更为严重的警告："这是个非常冒险的行动，说不定会后果很严重！"相比之下，居里夫人冒险的勇气，更让人佩服！

几年如一日重复提炼矿石，这一行为难道不也是在冒险？如果矿石中没有居里夫人所期望获得的物质，最后可能是竹篮打水一场空，几年的艰辛劳动全部白费，这对一个处于研究的黄金时期的科学家来说，无疑是一种致命的打击！当然，居里夫人最后获得了0.1克的镭盐，如果将30多公吨与0.1克这两个数字作对比，难道没有一种大海捞针的冒险感吗？

而且，居里夫人在拿自己的生命作赌注，去获取科学研究的成功，这才是她最大的冒险！不仅高强度的劳动会让她的生命因过度透支而过早枯竭，而且，在放射性环境里工作，极其危险！居里夫人的丈夫已经永远地离开了她，这是一个让她停止冒险的信号。但居里夫人没有停止冒险的步伐，所以，因长期过度照射放射线，她最后也罹患白血病不治去世。

能承受苦难，敢于尝试，这是追逐成功之人的必修课。

如果思维中紧绷了这根弦，那剩下的事情就是，出发，让探索在路上。

纳什、居里夫人：士不可不弘毅

薛定谔、基辛格：披穷古今事，事事相酌量

埃尔温·薛定谔（1887—1961），奥地利物理学家，他建立的薛定谔方程，是描述微观粒子运动状态的基本定律，这些成就奠定了他在量子力学领域里的奠基人的地位。1933 年，因为发展了原子理论，和狄拉克分享这一年的诺贝尔物理学奖。

薛定谔与基辛格都是辩才无碍的人，其卓越的交流、沟通能力成就其成功人生。中国传统文化中，孔子"不学诗，无以言"的对交流素质培养的建议，《春秋左氏传》中记载的一幕幕精彩对话，都对时人沟通、交流能力的培养助益极大。

用语言交流，其实比用文字表达，更难于操控，更需要技巧。

所以说，交流有术！

那些极富机趣的应对，确实能让人感受到交流艺术高超所带来的美感，如阅读《论语》便是。

随举几例，聊畅厥旨。

《论语·为政》：

哀公问曰："何为则民服？"孔子对曰："举直错诸枉，则民服。举枉错诸直，则民不服。"

孔子的对答，至今仍令人心膺。

《论语·先进》：

季路问事鬼神。子曰："未能事人，焉能事鬼？""敢问死。"曰："未知生，焉知死。"

对季路的问题，孔子既讽又劝，启人心智。

史传中，那种君臣间机锋毕露的对答，更是趣味无穷。这种对答中，板荡忠臣、逆子奸贼、狼子野心、阿谀取媚、狗仗人势，等等，诸种意味，都在你来我往的交流中彰显无遗。

如西京名将杜预，妙答武帝，便有可观处。《晋书·杜预传》载：

薛定谔、基辛格：披穷古今事，事事相酌量

预身不跨马，射不穿札，而每任大事，辄居将率之列。结交接物，恭而有礼，问无所隐，诲人不倦，敏于事而慎于言。既立功之后，从容无事，乃耽思经籍，为《春秋左氏经传集解》。又参考众家谱第，谓之释例。又作《盟会图》、《春秋长历》，备成一家之学，比老乃成。又撰《女记赞》。当时论者谓预文义质直，世人未之重，唯秘书监挚虞赏之，曰："左丘明本为《春秋》作传，而《左传》遂自孤行。释例本为传设，而所发明何但《左传》，故亦孤行。"时王济解相马，又甚爱之，而和峤颇聚敛，预常称"济有马癖，峤有钱癖"。武帝闻之，谓预曰："卿有何癖？"对曰："臣有《左传》癖。"

杜预的回答，巧避武帝之诘难，突出了自己以学问为长的优点，又给武帝找到体面下台的台阶，足见杜预虽"身不跨马，射不穿札"而可任大事，不是没有根据的，他善与主子交流，估计也是重要原因。

当下，有种担忧不是没有道理的，即生活方式、居住环境变化，手机、随身听、网络等设备挤占人的交流空间后，年轻人的交流能力会大大弱化，社会上会出现数量更为庞大的"沉默的大多数"，不会交流成为年轻人成功路上的一种大障碍。

因而，具备交流的思维方式，学会交流的技巧，恐怕是当代人成功的必修课了。我们得重新仰慕春秋战国那个处士横议的时代，从张仪、苏秦、毛遂、鲁仲连、邹阳等人那里找寻交流的智慧。

诺贝尔获奖者中，善交流者，亦为数甚多。

如"量子力学之父"薛定谔。

20世纪，两大科学发现从两个方面改变了人们对世界的看法：在宏观方面，爱因斯坦的相对论改变了人们对时空的看法；在微观方面，薛定谔建立的关于微观粒子运动的基本方程——薛定谔方程，引领人们探究水分子、氢原子等微观粒子的运动及变化，让人们把目光伸向微观的量子世界，因此，薛定谔被誉为"量子力学之父"。

近年来，微电子学的发展，原子弹、氢弹的发明，各种新材料的研制……都离不开量子力学这一理论工具。

在 20 世纪的物理学界，爱因斯坦与薛定谔是并峙的两座高峰，这两座高峰相辉相映，天然成趣。

薛定谔从小就养成了善于和别人交流的习惯。薛定谔出生在奥地利一个富裕、开明之家。母亲出身书香门第，她教小薛定谔学英语，要求他大声讲，并且用英语和别人交流，薛定谔能讲一口流利的英语，就得归功于母亲。父亲是一个工厂主，有着良好文化修养，受过多种教育，爱好自然科学和艺术。深谙儿童教育之道的父亲，根据儿童的生理、心理特征，采用"亲子游戏"的方式开发薛定谔的智力。在薛定谔很小的时候，父亲就给他买了显微镜和其他的一些仪器，让他把这些当玩具玩，而且自己陪着小薛定谔玩这些"玩具"，一边玩一边让小薛定谔说自己的感受！父亲经常带着小薛定谔走进大自然，引领他在欣赏大自然的美好风光时，不忘记与自然的交流、对话，激发他的探索兴趣。由于有父母亲的培养，薛定谔基本上没上过小学，11 岁那年就直接进入中学。

1933 年获诺贝尔奖时，薛定谔在获奖致辞中无限感激地说父亲是"朋友、老师和不知疲倦的谈话伙伴"，父亲是一切有趣事物中"最有吸引力的"，父亲让他成为一个善于交流的人。

薛定谔有一个魔鬼般的设计——薛定谔猫。这可不是只普通的猫，这只猫让物理学界的高人在很长一段时间里睡不着觉、吃不下饭，连霍金这样的大师都说："当我听说薛定谔的猫的时候，我就跑去拿枪。"

原来，薛定谔为了证明自己在物理学上的结论，设计了一个有原子衰变装置的箱子，里面放置一个毒气瓶和一只猫。如果原子衰变了，那么毒气瓶就被打破，猫就被毒死。要是原子没有衰变，那么猫就好好地活着。问题是，当我们没有打开箱子之前，这只猫处于什么状态？似乎唯一的可能就是，它和我们的原子一样处在衰变/没衰变的叠加状态，这只猫当时是一种死/活的混合物。可以这样形象地来理解这个实验：在没有特定的结果之前，任何人、任何事物都可能是最好的，同时又可能是最坏的，你无法向别人证明你是其中的任何一个。一旦有了某一特定的结果，人们就只能认定它，而对此前任何的可能性都不予考虑。

为了捍卫自己的理论，薛定谔单枪匹马和物理学界以爱因斯坦、玻尔为代表的权威进行论战，那是一场最有趣、最精彩的交流，薛定谔的天才交流能力体现得淋漓尽致。薛定谔应邀来到玻尔的研究所后，被一群人疯狂"拷问"了两天两夜，他清楚而明白地向这些人说明了自己的理论观点。薛定谔和玻尔论战了几个通宵，最后，打着喷嚏的玻尔和双目红肿的薛定谔双双携手走进了餐馆，薛定谔基本上说服了玻尔接受自己的观点。由于这两位巨擘的握手，量子力学很快就建立起来了。

薛定谔成长的家庭环境，以及他的交流能力，还有他的成功，都能带给我们这个时代足够多的启发。

　　亨利·阿尔弗雷德·基辛格（1923—　），著名的美籍德裔外交家、国际问题专家，美国前国务卿。他的重要著作包括《核武器与对外政策》《复兴的世界》《白宫岁月》《大外交》《论中国》《世界秩序》，为世人熟知。1973 年，与越南人黎德寿同获诺贝尔和平奖。

有"魔术外交师"之称的基辛格博士，他超强的交流才能，又呈现另一种风流。

在美国政坛风流人物谱中，基辛格是最独特的，这不仅仅是因为他是获得诺贝尔和平奖的国务卿。

基辛格是犹太人，就在他 7 岁那年，希特勒开始实施他蓄谋已久的灭绝犹太人的计划，基辛格的童年因这次浩劫而蒙受了深深的苦难。在那段日子里，杀戮、恐怖、忧愁笼罩着基辛格全家，在他 14 岁前，就有 12 位亲人死在纳粹手中。而基辛格稍大后，因为犹太人的身份，遭到谩骂、毒打和侮辱。虽然基辛格每次都会说，童年时代经历的那些政治迫害并没有决定他的生活，但毫无疑问，这对他肯定有着深刻的影响。

在纳粹的迫害下，基辛格全家首先去了伦敦，然后又去了纽约，背井离乡之后，基辛格一家留在了美国。

基辛格一家要融入美国社会，是一件非常不容易的事。生活习惯、文化背景、外国人的身份、语言、工作、学校，这一切都成了障碍，要生活得美国化，那得付出极大的艰辛。

基辛格到了纽约后，插入乔治·华盛顿中学就读。由于语言的不同，谁也不会想到，这位日后的外交魔术师、谈判天才，在学校里竟然是非常腼腆、自卑、不善言谈的。好在基辛格有一位好母亲，她想尽各种办法让基辛格克服自卑感，还和儿子一块学习英文。经过长时期的刻苦练习，基辛格终于熟练地掌握了英语。基辛格的外交才能广为人知，很大程度上归功于他对英语的出色运用。

薛定谔、基辛格：披穷古今事，事事相酌量

　　基辛格成绩优秀，但他看到母亲为了供他读书和维持一家人的生活，没日没夜地劳动，为了减轻母亲的负担，他向母亲提出白天做工，晚上读书，做一个夜读生。母亲怕基辛格吃苦，首先没有同意，后来在基辛格的再三要求下，母亲觉得这是孩子逆境锻炼的好机会，便答应了这件事。基辛格做过很多工作，这极好地锻炼了他的性格。

　　基辛格有着雄辩的口才，这是他作为外交天才独具的素质。1971年，基辛格第一次秘密来到中国，在他的努力下，中美关系从此解冻，走向合作。基辛格先后几十次来到中国，他说中国是他的"家"，只是这个家不像美国的家，因为美国的家没有变化，中国这个"大家"他每次来都不同，变化巨大。基辛格多次来中国，自然会被问及很多尖锐的问题，他凭着过人的口才和敏捷的思维，总能轻松化解。比如，有人问及中国是否受美国的影响，基辛格不失幽默地说："中国有5000多年的历史，美国只有200多年的历史，这意味着有4800多年中国没受美国的影响。对待中国人，美国人不会以'传教士'自居。"

　　基辛格永远都充满着智慧和幽默。他参加南越大使馆举行的国庆招待会时，一在会议大厅里出现便成为被关注的焦点。大厅里挤满外交官、将军、参议员、众议员、新闻记者，大家都争相拥上前来和他握手。有一个不知姓名的女士挤到基辛格身边，低声说："你是真正的亨利·基辛格吗？"基辛格回答道："人家是这么说的。"还有一次基辛格演讲完后，观众鼓掌不断，最后掌声终于停下来了，基辛格又幽默了一下："我要感谢你们停止鼓掌，要我长时间表示谦虚是件困难的事。"

　　基辛格凭着天才的外交才能成为美国历史上第一个原籍非美国人的国务卿、第一个犹太人出身的国务卿，在中美、苏美关系缓和过程中，在越南、中东问题的谈判中，以及其他一系列重大的国内国际问题上，基辛格以自己的聪明才智和勤奋踏实扮演了极其重要的角色，作出了非凡的贡献。

又有谁能想到，雄辩的基辛格竟然是口吃之人？而这位天才的协调使者，小时候又是那么孤僻！雄辩的口才与超强的协调能力，这是当代社会中必须学会使用的"利器"，多看看基辛格的故事，对熟练使用这两种"利器"大有裨益。

薛定谔、基辛格：披穷古今事，事事相酌量

崔琦：志于道，游于艺

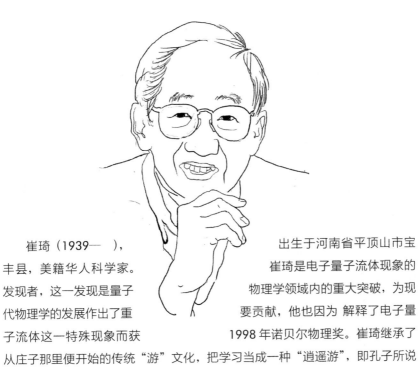

崔琦（1939— ），
丰县，美籍华人科学家。
发现者，这一发现是量子
代物理学的发展作出了重
子流体这一特殊现象而获

出生于河南省平顶山市宝
崔琦是电子量子流体现象的
物理学领域内的重大突破，为现
要贡献，他也因为 解释了电子量
1998 年诺贝尔物理奖。崔琦继承了

从庄子那里便开始的传统"游"文化，把学习当成一种"逍遥游"，即孔子所说
的"游于艺"，从容愉悦地享受这一过程，最终收获成功人生。

当人抛弃了游戏精神，所有活动都会变成一场苦役，令人疲惫不堪。

游戏精神的内涵其实简单，就是一种拒绝过多功利目的、追求过程快乐的精神，一种发自内心的热爱，一种可以忘我的参与，一种真正的自我娱乐。

这一点，我们可以从先哲庄子那里去体会。

司马迁对庄子有过一个至高的评价："其学无所不窥"，就是说庄子在当时，是学问最渊博的人。从《庄子》一书现有的内容，最少可以看出，庄子想象丰富，又富于思辨。庄子对想象的出神入化的驾驭，庄子对思辨的极度热爱，是不是庄子觉得这种思维操练其乐无穷呢？是不是庄子醉心于对语言的拿捏乐而忘返呢？又是不是庄子因游戏于学习之域而感到无限欣喜呢？

庄子的学问，是如何"无所不窥"的，已无从实证，但从《庄子》的文本中，我们能感受到庄子对知识的运用、学习的那份快乐，庄子应该是以游戏的精神来面对学习这个过程的，所以，司马迁的评价，也非过誉。

《庄子》开篇即是"逍遥游"。一般情况下，读者看到的庄子，是一个"逍遥"的庄子，无虑生死、虚无洒脱、率性自然、顺天适命是这种"逍遥"的内涵。诚然，这样去理解庄子是恰当的。

但并不全面。

因为在一般情况下，世人只看到一个"逍遥"的庄子，而一个"游"的庄子却被忽略了。而"游"着的庄子，才更生动，"游"是能涵盖"逍遥"的全部内容。

庄子正是以游戏的精神来处理自己与外界的关系：生，也快乐；死，也豁达；宠，也不喜；辱，也不惊。

所以，在《庄子》的书中，游字出现的频率是很高的，据统计，共出现 80 余次。诸如：

> 夫列子御风而行，泠然善也。旬有五日而后反。彼于致福者，未数数然也。此虽免乎行，犹有所待者也。若夫乘天地之正，而御六气之辩，以游无穷者，彼且恶乎待哉？故曰：至人无己，神人无功，圣人无名。(《逍遥游》)
>
> 以无厚入有间，恢恢乎其于游刃必有余地矣。(《养生主》)
>
> 知北游于玄水之上。(《知北游》)

庄子是无比惬意地游戏于他所生活的世界的，所以，他活得轻松，一切问题，在他的眼中都不再是问题，这才是生活的大境界。

睿智如孔子，也仅有只言片语言及"游"字，如"志于道，据于德，依于仁，游于艺"，相比于庄子，孔子是活得紧张的，没有庄子洒脱，在"仁义礼智"的规制下，孔子的游戏精神完全被割除了，他只能戴着镣铐跳舞，根本不如庄子洒脱。

庄子就是讲故事，也是游戏味道充沛的，如"佝偻承蜩"：

> 仲尼适楚，出于林中，见佝偻者承蜩，犹掇之也。仲尼曰："子巧乎！有道邪？"曰："我有道也。五、六月，累丸二而不坠，则失者锱铢；累三而不坠，则失者十一；累五而不坠，犹掇之也。吾处身也，若厥株拘；吾执臂也，若槁木之枝。虽天地之大，万物之多，而唯蜩翼之知。吾不反不侧，不以万物易蜩之翼，何为而

不得?"孔子顾谓弟子曰:"用志不分,乃凝于神,其佝偻丈人之谓乎!"

庄子想告诉后人的,其实就是那种游刃有余的自由。

若我们都可以如庄子那样,思维中总充溢着游戏精神,并将游戏精神贯注到生活的每一个角落,如学习、工作、生活,是不是那种负重感会轻很多?

1998 年的诺贝尔物理学奖获得者崔琦,就是一个将学习当游戏玩的成功者。

崔琦是继杨振宁、李政道、丁肇中、李远哲、朱棣文之后,第六位美籍华裔诺贝尔奖获得者。

崔琦是个孝子,他说他是沐浴着母爱的阳光,从一个贫穷乡村孩子的起点出发,走出乡村,走到香港,最后走向科学的圣殿中的。在一次记者招待会上,崔琦回忆起母亲对自己的深刻影响,含泪说:"是母亲有远见,自己不识字,却坚持要子女上学!"

崔琦的母亲王双贤读书不多,但她一直守着一个愿望:不管生活有多么艰难,也不论是男是女,一定要让他们上学读书。正是在这位执着、开明的母亲坚持下,崔琦的 3 个姐姐都读了大学,这在旧中国的农村是不多见的。

虽然是家中唯一的男孩,母亲并没溺爱他,而是对他的教育抓得更紧,要求更严格。崔母教子就认准一个理:三天不念口生,三天不写手生,读书就要常念常写常练,勤奋才能学到真本事。所以,崔琦从小就在母亲的教育下,形成了勤奋好学的好习惯。

1949 年,崔琦在新宝镇高皇庙高小毕业。由于当地没有中学,崔琦只好辍学在家。一转眼,两年过去了,当地需要就学的人太少,依然没有新建中学,这可急坏了母亲!母亲最后毅然决定:让

崔琦:志于道,游于艺

崔琦赴港，到他三舅那儿读书！这时候，崔琦父母都已年过花甲，本来需要崔琦留在家里照顾他们，可是母亲执意让他赴港求学。这在当时，又是一个惊人之举，没有崔琦母亲这样的胆识，做不到这一点。

初到香港，人地生疏，加上语言交流不便及生活艰难等诸多原因，崔琦两次写信给母亲要求回老家。世界上没有不思念、牵挂儿子的母亲啊，而为了儿子更好地求学，母亲怎么也不会让儿子回来。她送给崔琦的话是："不要想家，好好读书求学，才是对父母最大的安慰。"

在母亲的鼓励下，崔琦刻苦攻读，成绩优异，靠全额奖学金完成中学学业，并于 1958 年获得美国全额资助，进入伊利诺伊州的奥古斯塔学院学习数学专业，此后，又进入芝加哥大学攻读物理学，获博士学位后，进入著名的贝尔实验室工作。

"正是在母亲的支持下，才离开家乡到香港求学，这对我一生的发展起到了决定性作用。"至今，崔琦忆及母亲，常常这样说。

崔琦是个有着平常心的人。得知获奖的当天，他仍旧按事先预约，前往医院检查身体，没有向任何人声张，甚至没有给在西岸探望小女儿的妻子琳达，和正在哈佛读艺术系的大女儿艾琳打电话，与她们一起分享获奖的快乐。来到普林斯顿大学上班时，大家向他表示祝贺，他像平常那样微微一笑，只说了句"谢谢"就躲了起来。在校方召开的记者招待会上，一身实验室打扮的崔琦几乎是被"逼上了讲台"，而半个小时的记者招待会上，崔琦的发言不超过3 分钟，而就在这 3 分钟内，他又幽默地说："蒙幸运之神的眷顾，我才得以进行所谓研究工作，实际上基本就是做一些好玩、有趣及挑战性的事，而且还有钱拿。"

崔琦勤奋好学、幽默平和，但他从不把学习和研究工作当成负

崔琦：志于道，游于艺

担，而是当成游戏。正如他所说的，研究工作基本就是做一些好玩、有趣及富于挑战性的事。崔琦常视物理实验如玩游戏，他说："能随心所欲设计新模型，能制造一个个用钱都买不到的新产品，那种满足感难以形容，做实验又有何难？"在研究中遇到困难时，他会说："外面天气很好，到外面玩玩再回来，不要压着自己钻进牛角尖，松弛一下，将会更有利于问题的解决。"

崔琦：志于道，游于艺

特丽莎、马塔伊：爱人者，人恒爱之

特蕾莎修女（1910—1997），世人又称其为德兰修女、特里莎修女，出生于奥斯曼帝国，世界著名的天主教慈善工作者，因其一生致力于消除贫困的爱心行动，于 1979 年获得诺贝尔和平奖。

特蕾莎修女和马塔伊，都是把爱心播撒到穷人的世界里、用爱温暖穷人世界的大爱无疆者。中国的传统文化是爱心文化，"仁者爱人""兼爱""老吾老以及人之老，幼吾幼以及人之幼"，都是充满着幸福力量的智慧之语，与特蕾莎修女和马塔伊的大爱一样，能感动世界。

人立于世，不言私利，必是做作，没有爱心，便近无耻。

当下的世风，有诸多怪相，不得不令人质疑我们这个社会的温暖度。烈日炎炎，老人晕倒于路旁，无人援手，这是对爱心的一重拷问；老人倒地，有人扶起，送至医院，结果反被讹上，脱不清干系，好人扼腕，这是对爱心的另一重拷问。不管拷问哪一方，这个社会的冷漠感，让我们应该好好反思，我们得重拾华夏民族中流延久远的仁爱大义了。

我们的思维，要重新注入让人幸福的爱心力量。

我们的老祖宗，一举首一投足，都是润着仁爱大义的。

《论语》第一篇"学而"即言："弟子入则孝，出则弟，谨而信，泛爱众，而亲仁。行有余力，则以学文。""泛爱众"的劝勉，绝不是虚谈。

《孟子·离娄章句下》曰："仁者爱人，有礼者敬人。爱人者人恒爱之，敬人者人恒敬之。""仁者爱人"，几乎成为中国社会的集体无意识，正是因为有了这种无意识，我们的仁爱传统才会一代一代传下来，不会断绝。

而墨子的"兼爱"主张，更是人所共知：

若使天下兼相爱，国与国不相攻，家与家不相乱，盗贼无有，君臣父子皆能孝慈，若此则天下治。故圣人以治天下为事者，恶得不禁恶而劝爱？故天下兼相爱则治，交相恶则乱。（《墨子·兼爱上》）

183

　　人与人相爱，则不相贼，君臣相爱，则惠忠，父子相爱，则慈孝，兄弟相爱，则和调。天下之人皆相爱，强不执弱，众不劫寡，富不侮贫，贵不敖贱，诈不欺愚。凡天下祸篡怨恨，可使毋起者，以相爱生也，是以仁者誉之。(《墨子·兼爱中》)

　　我们的传统，可以说就是仁爱的传统。世道再浇漓，想到这一点，我们也能感到温暖。

　　诺贝尔获奖者中，因爱心而获奖者，不在少数。

　　1979 年诺贝尔和平奖得主特丽莎修女与 2004 年的诺贝尔和平奖得主旺加里·马塔伊两位和平奖得主便是。

　　特丽莎修女 1910 年出生于南斯拉夫，在印度一所教会学校任教近二十年。教会学校高高的围墙把特丽莎与印度的混乱贫穷隔离开来，里边有花园和舒适的楼房，那与贵族式的和平安宁生活没有区别。但特丽莎最终离开了修道院，走进了贫苦人民的生活中。

　　特丽莎先是在贫民区办了一所学校，后来又创办了仁爱修会。年复一年，她救助了四万多名被遗弃街头的人，她创建的组织已经有四亿多资产。特丽莎有着朴实无华的外表，而就是这朴素的外表裹着一颗博爱的心，这颗心让她的生命绽放着特殊的光彩，也让她的名字为千千万万穷苦人所铭记。

　　特丽莎修女一生致力于把安全和幸福带给受苦受难的、最需要帮助的人。她不仅几十年如一日在慈善机构里工作，热心替那些濒于死亡的人消除痛苦和恐惧，而且，她在世界范围内建立起一个庞大的慈善机构网，把爱心送到世界不同的地方。特丽莎赢得了国际上的广泛尊敬，诺贝尔奖评选委员会认为："她的事业有一个重要特点：尊重人的个性、尊重人的天赋价值。那些处境最孤独的人、处境最悲惨的人，得到了她最真诚的关怀与照料。这种情操发

特丽莎、马塔伊：爱人者，人恒爱之

自她对人的尊重，完全没有居高施舍的姿态。""她个人成功地弥合了富国与穷国间的鸿沟，她以尊重人类尊严的观念在两者之间建起了一座桥梁。"因此，为表彰她多年来无私地为穷苦人所做的工作，1979 年诺贝尔和平奖被授予特丽莎修女。

特丽莎修女一直认为，爱护贫穷者，真正为贫穷者服务，首先要把自己变成穷人。有一次，特丽莎修女在街头看到一个奄奄一息的被遗弃的老妇人，非常可怜，她带老妇人去医院，可医院却不肯收容她。特丽莎修女只好把老妇人带到政府官员办事处，要求他们为那位老妇人以及那些被遗弃街头的垂死者提供一个安身之处。一个政府官员对她说；"只有一个废弃的破庙可以用。"特丽莎修女没有用那个废弃的破庙，而是倾其所有与尽其所能开办了一个专门安置穷人和垂死者的组织——"善终会"。特丽莎修女在加尔各答遍寻病弱垂死者，将他们带回来，给他们衣食，为他们治疗，握着临终者的手，安慰他们，按照他们自己的信仰与习俗办理丧事。有一次她发现路边的深沟里有东西在动，上前一看，是一个垂死的人。她把那人带回"善终会"，让他在爱与平静中死去。那人临终时说："我在街上活得像头畜生，如今我却像天使般死去。"

爱心是细节，这也是特丽莎修女一直坚持的爱心原则。特丽莎修女认为，爱心是善于为他人着想，善待他人，与别人分享喜悦，爱需要通过日常生活中的细微琐事表现出来。一个善良的眼神，一个友好的微笑，为别人提一桶水，扶一个盲人过马路，或者是只在心中有一个爱的想法，这些"微小微小的事"最能表达彼此间深切的爱。

只要有机会，特丽莎修女就会身体力行实践自己的爱心原则。有一次在孟买举行一个有关饥饿问题的大会议，特丽莎修女应邀参加。到达会场门前时，特丽莎修女发现了一个垂死的人。参会的人

特丽莎、马塔伊：爱人者，人恒爱之

185

在那里高谈阔论有关食物与饥饿的问题，而对垂死者却视而不见！特丽莎把那垂死者带回"善终会"，这个人在那里安详地死去，而他正是因为长期饥饿才变成这样的。

获得诺贝尔和平奖后，特丽莎修女依然过着极其简朴的生活。直至去世前，八十多岁的她仍然与其他修女一起睡在地板上，只有两套换洗的棉质修女服，自己洗衣服洗餐具，每日同普通修女一样从事繁重而琐碎的各类劳动。

特丽莎、马塔伊：爱人者，人恒爱之

　　旺加里·马塔依（1940—2011），肯尼亚著名环保主义者，绿丝带行动组织的发起人，几十年如一日，鼓励贫穷妇女植树造林，改善生存环境。因为这一善举，马塔依获得 2004 年的诺贝尔和平奖。

旺加里·马塔伊，则是用另一种方式表达着她对这个世界的爱心。

2004 年的诺贝尔和平奖，授予肯尼亚环境和自然资源部副部长旺加里·马塔伊，以表彰她在"可持续发展、民主与和平"方面所作出的贡献。马塔伊是第一个获得诺贝尔奖的非洲女性。在获奖后接受采访时，马塔伊热泪盈眶地说："从和平角度看，生态与环境非常重要，因为当我们破坏我们的资源和资源枯竭时，我们就会为此大打出手。""这是我一生中最大的惊喜。当我植树时，我就播下了和平的种子。"

马塔伊 1940 年 4 月 1 日出生于肯尼亚。进入大学，她选择了生物学这个专业，从此，她一直从事生物学方面的研究。1971 年，马塔伊获得博士学位，成为东非第一个获得博士学位的黑人女性。

目睹肯尼亚深受贫困与人口膨胀的困扰，深深地刺痛了马塔伊。为了索取燃料，为了开垦农田，穷苦的肯尼人肆意砍伐树木。随着树木的消失，动物与其他植物也开始消失。因为没有了森林的保护，地表土遭雨水侵蚀，土中养分全被冲走。自然环境的恶化加深了贫困，贫困又会使自然环境变得更加恶化，这是一种触目惊心的恶性循环。

马塔伊决心要改变祖国的这种现状，让祖国重新披上绿色，让人民重新过上富裕安康的生活。

马塔伊选择的做法是一棵一棵地为祖国植树。她觉得，只有从一棵树两棵树、一个人两个人开始，让植树成为全国人民的统一行动，最后才能还肯尼亚葱郁的森林。所以，马塔伊在获奖后说："我们每一个人都能有所贡献。我们往往放眼庞大的目标，却忘记无论身在何处，都可效上一份力量……有时我会告诉自己，我可能只是在这里种一棵树，但试想象一下，如果数十亿人都开始行动的话，这将产生何等惊人的结果？"

基于这个想法，马塔伊在自家庭院里种下了9棵树，以此为开端，整治非洲荒漠化的运动——"绿带运动"拉开了序幕。在近三十年的时间里，马塔伊坚持不懈地动员贫穷的非洲妇女在肯尼亚及非洲其他地区种植了三千多万棵树。"绿带运动"教导人们要有健全的自然环境与健全的社会的观念，不仅保护了生态环境，也为上万名非洲妇女提供了就业机会，提高了非洲妇女的社会地位，农夫和村民也学会了妥善的土地管理，如制造堆肥、确保土壤肥沃、善用当地原有植物品种等，促进了社区发展和提高了人的素质。

因此，马塔伊被当地亲切地称为"米奇"——"树的母亲"。

马塔伊曾因保护环境活动而身陷牢狱，但她从没放弃过"绿带运动"。马塔伊有对事业毫不妥协的韧劲。她凭借出色的口才，向学生、科学家以及农村的普通民众传播她的环保理念，告诉非洲人民乱砍滥伐的危害，告诉他们这样做下去的受害人就是他们自己。这位诺贝尔和平奖得主凭借她所获得的科学知识、对自由的渴望以及个人独特的魅力，将她所创建的"绿带运动"组织发展成为一个网络，不论贫富，不论是否受过教育，都收入她的组织。这一网络已经发展成为一大运动，就连独裁者莫伊和他的国家党都束手无策。

从传统上讲，环境保护不是诺贝尔和平奖涉及的领域。有人担心颁奖给马塔伊会削弱诺贝尔和平奖的分量。对此，时任联合国秘书长安南有精辟的解释："在当今世界，和平的概念已经被扩大了，

特丽莎、马塔伊：爱人者，人恒爱之

冲突并不总是政治的，贫困、疾病和环境恶化等问题也可能成为影响世界和平的因素。诺贝尔奖委员会此举，表明为保护环境作出了杰出贡献也就为国家带去了和平。"

那么，马塔伊获奖是当之无愧的。

马塔伊对国家和人民的爱，支撑着她可以从 9 棵树开始，给国家带去绿色与希望，这是一种大爱。

特丽莎修女有一本自述集，叫《活着就是爱》，讲述的就是一个个活着怎么去爱的故事。能爱自己，能爱别人，更能爱国家，爱就是一种无比强大的幸福力量。爱心的果实里包裹着阳光，但果实脱落之后，阳光并不脱落。

特丽莎、马塔伊：爱人者，人恒爱之

霍奇金：不期修古，不法常可

多萝西·玛丽·霍奇金（1910—1994），英国化学家。霍奇金在青霉素、维生素 B_{12} 的空间结构研究方面有独到的发现，1964 年，因使用 X 射线衍射技术，研究测定出青霉素及维生素 B_{12} 等复杂晶体和大分子空间结构，获该年度诺贝尔化学奖。霍奇金扔掉传统思维的束缚，这是一种创新的思维，但其内在涵蕴，又超越了一般的创新，这与商鞅、王安石变法更为接近，更强调对原有体系的革新，甚至是另走新途，因而更需要胆识与智慧。

创新的价值，总会被一再强调，甚至提升到民族振兴的高度。

诚然，创新确实是推动一个民族发展的那种排山倒海的力量，能搅动一池春水，让这个民族板滞的因素在内部发酵。

创新是脱胎换骨的改变，而非换汤不换药的矫揉造作式的所谓调整。创新讲求激情投入，而非低劣模仿，比如"山寨"。创新是精雕细琢地打磨，而非所谓粗放发展。

中国先人，在文明的起源处，就强调创新。如《诗经·大雅·文王》：

文王在上，于昭于天。周虽旧邦，其命维新。

有周不显，帝命不时。文王陟降，在帝左右。

"旧邦新命"的吟唱，劝诫的不就是国家富强的动力在乎创新？

又如《易传·系辞上》：

富有之谓大业，日新之谓盛德。生生之谓易，成象之谓乾，效法之谓坤，极数知来之谓占，通变之谓事，阴阳不测之谓神。

创新被视为是一种内在的最重要的德性。

如果创新被视为中国道德生活的内容，那创新对华夏民族来说就是一种天然的品质，因为道德是中国传统生活中最重要的成分。

霍奇金：不期修古，不法常可

195

又如《大学》曰：

汤之《盘铭》曰："苟日新，日日新，又日新。"《康诰》曰："作新民。"

"日日新""作新民"，都是创新的规劝。

程颢、程颐所著《河南程氏遗书》中说："君子之学必日新，日新者，日进也。不日新者必日退，未有不进而不退者。"这已经完全与我们这个时代所呼吁的创新精神相吻合了。

科学研究无疑是最需要创新精神的。

应该说，诺贝尔获奖者都是具有创新精神的人，只是有些获奖者，从小时候开始，便享受着创新的快乐，令世人惊喜，这种创新便更夺人眼目。

多萝西·霍奇金就是这样的获奖者。

1964 年，多萝西·霍奇金获诺贝尔化学奖。

有一个很有意思的现象，就是很多有成就的人，都会不约而同地说，童年时读的某一本书，让自己一辈子都受益。

一本书，一辈子，这是有道理的说法。

同样，童年时读过的一本书，就像一杯垫底的酒，让多萝西·霍奇金的科学人生变得绚丽多彩。

这是一本什么书呢？是一本面向儿童的科普读物。又有一个很有意思的现象，就是许多伟大的科学家，都热衷于给儿童和青少年朋友写一些明白易懂的书，向他们生动地介绍科学界的重大发现。多萝西·霍奇金读到的那本书，就是由 X 射线结晶学的开山鼻祖威利姆·布拉格写的，在这本书里，他告诉小朋友，人类可以利用 X 射线看到一个个的原子和分子。多萝西·霍奇金觉得太神奇了，要是自己能看到这样的原子和分子，那该是多有意思的事啊！这本书如一盏神灯，一辈子悬照在她探索的天宇里，灯的光芒就是多萝西·霍奇金智慧的光芒。

多萝西·霍奇金是幸运的，她的智慧种子有一片沃土在等候着。她的母亲茉莉虽然没有接受过正规的教育，但是她对孩子的教育有一套独特的方法，她没有把孩子送往学校，而是自己教她们。多萝西·霍奇金的母亲是个天才教育家，孩子们上自然课的方法是走出家门，来到田野里，山冈上，采集标本，观察活生生的动、植物，让孩子们最大限度地亲近大自然；地理课就在温室的地板上用泥巴做模型地图，孩子们都成泥猴子了，满身都是泥巴，可孩子们做得很认真；历史课就更有创意了，由孩子们自己编关于不同时代的书，比如罗马人和撒克逊人的入侵、英格兰最早的国王等，多萝西编的一些书保存到现在，里面有动人的诗歌，整页的图画，画着布纹、物品和代表当时时代的镶边……多萝西·霍奇金的母亲要让孩子们在快乐中学习，在快乐中激发创造潜能，在快乐中让孩子的想象力永盛不衰。

多萝西·霍奇金又是独特的，她10岁时便拥有自己的实验室。当时，她家里有四间小阁楼，多萝西·霍奇金占据了最小的一间，当做自己的私人实验室。这间实验室可有着正儿八经的架势，角落的木橱里，搁着罐子碎片、打火石、鸟蛋等，桌子上有试管、化学器皿，瓶子里装着各种晶体、粉末和溶液，这是她的实验器材。那些神奇的化学变化是怎样吸引着她呀，把小小的酒精灯火焰里的白金丝转一下，它的一端就会渐渐出现一个彩色的珠子，对一个孩子来讲，还有什么其他东西能比这个更加激起她的兴趣吗？

从此，多萝西·霍奇金迷上了化学，这份她干了一辈子的事

霍奇金：不期修古，不法常可

业。每次取得重大研究成就时，她总会想起布拉格写的那本科普读物，还有童年那段快乐的学习时光。

多萝西·霍奇金最重要的科学思维，就是能扔掉老菜谱，用新方法去解决科学难题。

进入牛津大学时，多萝西·霍奇金发现，牛津大学的化学完全是一门实验科学，各分支间界限清楚，泾渭分明。大家从事化学实验，就像进饭店吃饭：照着菜谱点菜，观察成果，谁也不碍谁什么事。学生们被要求记住大量关于原子的重量、反应、压强、温度等等的实验信息，在实验课上做许多规定好的合成和分析。没有人试图去解释为什么一种元素比另一种更活泼、一个分子的三维结构与其功能有什么关系之类的问题。没有人去关心两个不同的化学分支之间有什么联系，更没人关心化学与其他学科之间的关系，大家都在机械地做着手头上的工作。

完成规定的任务之后，多萝西·霍奇金被允许在图书馆里读"随便什么东西"。偶然的一天，她看到了一篇文章，具体而深入地阐述了用 X 射线衍射观察晶体的结构，从中受到很大的启发。多萝西·霍奇金的思维方式变了，她的眼光开始超越化学这一学科，在化学与其他不同学科之间寻找一个"黄金结合"。

多萝西·霍奇金扔掉了老菜谱，开始按自己的方案"配菜"。

她成功了，她找出物质之所以千差万别的原因，就是原子之间连接的方式不同，一头牛和一匹马不同，就是这两种生物分子的三维结构不同。

多萝西·霍奇金的研究，让化学不再局限于单个学科，而是与其他学科相结合，为化学研究开辟了一片全新的天地。

清代名学者赵翼，作《论诗》五首，之中的两首，极能说明创新之内质，特引用如下：

霍奇金：不期修古，不法常可

满眼生机转化钧，天工人巧日争新。
预支五百年新意，到了千年又觉陈。

李杜诗篇万口传，至今已觉不新鲜。
江山代有才人出，各领风骚数百年。

我们的时代，是一个允许人"领风骚"的年代，能创新，必成功。

霍奇金：不期修古，不法常可

199

弗里德、萨哈罗夫：换位而思

阿尔弗雷德·赫尔曼·弗里德（1864—1921），奥地利犹太和平主义者、记者，德国和平运动的创始人之一。弗里德创办和平主义期刊《放下武器！》，建立德国和平协会，主张"基础和平主义"，他的著作《和平运动手册》《回忆青年时代》等，广为人知。因为对推进世界和平的贡献，他与托比亚斯·阿赛尔一起获得了1911年的诺贝尔和平奖。

弗里德、萨哈罗夫换位而思的思考方式，与中国传统文化中的"己所不欲，勿施于人"、"推己及人"是相通的，这是一种极具亲和力的处世行事方式，能让人获得更多的认同与尊重，以及成功的机会。

换位而思，其实考量的是一个人的气度和襟怀。

亨利·福特曾说："如果成功有什么秘诀的话，那就是站在对方的立场来看问题，并满足对方的需要。"汽车制造业界的巨子，对自己成功的总结，就是换位思考。

我们的传统中，对换位思考这种思维方式与处世方法，充满着智慧的解答。

如《论语·卫灵公》中言："己所不欲，勿施于人。"这一简短之语，几乎成为换位思考的代称。蒙学读物《增广贤文》中亦有换位而思的明易之语："责人之心责己，恕己之心恕人。"我们传统的启蒙读物中，换位思考的警惊之语应该是不少见的。

《孟子·告子章句下》，记载了孟子与白圭之间的一次对话，其文为：

> 白圭曰："丹之治水也愈于禹。"
> 孟子曰："子过矣。禹之治水，水之道也，是故禹以四海为壑。今吾子以邻国为壑。水逆行谓之洚水，洚水者，洪水也，仁人之所恶也。吾子过矣。"

白圭有"商祖"之誉，是个精明的生意人，他认为，自己治理水患，其法优于大禹。孟子反唇相讥，指明大禹治水，不伤害邻国利益，而白圭治水，则将水患引向邻国，根本不考虑别人的感受，实是大过！

203

《明史·夏原吉传》载明初重臣夏原吉事，亦给我们呈现了一个内心仁厚的儒者形象：

夏原吉，字维哲，其先德兴人。父时敏，官湘阴教谕，遂家焉。原吉早孤，力学养母。以乡荐入太学，选入禁中书制诰。诸生或喧笑，原吉危坐俨然。太祖而异之，擢户部主事。成祖即位，转左侍郎。浙西大水，有司治不效。永乐元年命原吉治之。原吉布衣徒步，日夜经画，盛暑不张盖，曰："民劳，吾何忍独适。"

推己及人、换位而思，这样的例子，所载极多，列举不尽。我们重温这些故事时，特别应该感受这种温暖人心的思维方式，以及这种思维方式带给人的成功的可能性。

诺贝尔获奖者中，也有因这种品格而成功的人。

1911 年的诺贝尔和平奖授予阿尔弗雷德·赫尔曼·弗里德，弗里德就是一个能换位思考的人。由于阿尔弗雷德·赫尔曼·弗里德创建了宣传和平的刊物，并且创建国际新闻协会，为世界和平运动作出了重要贡献，他和荷兰法学家阿赛尔一起分享了该年度的诺贝尔和平奖。

阿尔弗雷德·赫尔曼·弗里德是奥地利犹太和平主义者、记者，德国和平运动的创始人之一，1864 年 11 月出生于维也纳。作为著名记者，他一生从事出版和新闻事业，并以出版和新闻工作为武器，积极为和平事业奋斗。

1891 年，弗里德在柏林创办和平主义期刊《放下武器！》，后改名为《和平守望者》。1892 年，费里德建立德国和平协会，成为一战前德国和平主义运动的中心。第一次世界大战爆发后，他成为《国际谅解和国家间组织报》的编辑，为世界和平而奔波忙碌。弗里德主张"基础和平主义"，并相信应该用立法措施和"精神复兴"来反对"国际无政府主义"。

弗里德从小就聪明伶俐，酷爱读书，而且非常善良。可是，弗里德家里非常穷，父母亲为了一家人的生计而疲于奔忙，但是，还是不能让一家人过上好日子。看着爸爸妈妈忙碌劳累的身影，小弗里德心里非常难受，他决心要帮爸爸和妈妈做些力所能及的事，以减轻他们的负担。弗里德告诉爸爸妈妈，他想辍学，摆一个书摊。爸爸妈妈听了弗里德的话后，既高兴又不安，小小年龄的孩子，就这么体贴父母亲，这太令人高兴了；而年龄这么小的弗里德，不读书去摆书摊合适吗？累坏了身体怎么办？妈妈对小弗里德说："孩子，你还小，我们不能答应你，你应该上学读书去。我们虽然穷，可是也不能让你这么小就去工作啊，累坏了身体怎么办？"

小弗里德对妈妈说："摆书摊一点也不累，只是租出、收进的小事。我不能上学，摆起了书摊，我就可以免费看书学习了，还可以赚钱呢！"

但爸爸还是不大同意，他觉得弗里德太小，而世界又太复杂，弄不好会吃亏出事，所以他还是不同意。小弗里德感到委屈，他对爸爸说："爸爸，我摆书摊，也不只是为了钱，摆书摊可以让我有书读，而且也可以方便别的人多读书啊！这样，我就可以多交朋友，互相学习，这样不是更好吗？"爸爸妈妈听了小弗里德的话后，面面相觑，孩子这么小，居然有这么深远的想法，实在难得。于是，爸爸妈妈同意了小弗里德摆书摊的做法。

很快，弗里德就成了一个小书摊主。小弗里德服务热情，把书摊照料得非常好，生意做得有声有色，招徕了很多顾客，其中有很多都成了他的"书友"。当然，弗里德没有只顾赚钱而忘记了学习，他一有时间就静心读书，而且开始写作。有了知识的哺育，弗里德

弗里德、萨哈罗夫：换位而思

很快就成为了小有名气的小作家。

当然，做生意也会有风险，小弗里德也同样遭遇到了风险。一天傍晚，弗里德正在收拾东西，准备收摊，突然，4个和他差不多大的小孩子围上来，将他推倒在地。其中一个孩子低声对他说："钱在哪里？"从来没有碰到这种事情的弗里德非常害怕，慌乱中只得大喊警察。

幸亏附近就有警察，听到弗里德的叫声后就跑了过来。4个孩子见警察来了，"唰"地就四散跑了。不过，其中一个孩子跑得慢，被弗里德一把抓住了。警察赶到后，大声问："你们在干什么？"

小弗里德的回答让人感到非常意外："他要看书，可我马上就要收摊了，他正在帮我收拾书呢。"

警察笑了，他知道，弗里德对他撒了一个非常善良的谎。他对那个孩子说："来，帮着收拾东西。"

警察走后，那个孩子问弗里德："你为什么不报告警察？"小弗里德并不回答，倒是反问他："你们为什么要抢我的钱呢？"

"我们观察你好几天了，看见你生意红火，肯定赚钱。今天，我们一天都没吃东西了，所以想跟你'借'钱买点东西吃。"

小弗里德说："我想你们和我一样，都是小孩子，这么做是迫不得已吧，所以我就没有报告警察。想不到真是这样的。"

善良的小弗里德收拾好书摊后，给被抓的小孩买了食品，还让他带了吃的东西给另外3个孩子。后来，弗里德了解到这四个孩子都是流浪儿，靠乞讨和捡破烂为生。弗里德和四个孩子成了好朋友，让他们免费看书，学习知识，不再干抢东西的事。

这就是阿尔弗雷德·赫尔曼·弗里德，一个从小就知道站在别人的角度去考虑问题的人，一个将维护世界和平安宁视为自己义不容辞的责任的"和平使者"。

弗里德、萨哈罗夫：换位而思

安德烈·德米特里耶维奇·萨哈罗夫
（1921—1989），苏联原子物理学家，被誉
为"苏联氢弹之父"。萨哈罗夫在核聚变、
宇宙射线和基本粒子等领域都有独到
的研究，也是人权运动家，于
1975 年获得诺贝尔和平奖。

有自我牺牲精神的人，往往也是能换位思考的人。1975年的诺贝尔和平奖获得者安德烈·萨哈罗夫，就是一个这样善于换位思考的巨人。

安德烈·萨哈罗夫的获奖理由是："安德烈·萨哈罗夫对和平作出了巨大贡献，他以伟大的自我牺牲精神，在极端困难的条件下，以卓有成效的方式，为实施赫尔辛基协议所规定的各项价值观念而进行了斗争。他为捍卫人权、裁军和所有国家之间的合作而进行的斗争，其最终目的都是为了和平。"

萨哈罗夫是苏联著名的核物理学家，被称作苏联的"氢弹之父"，一个为了国家、为了世界和平、为了说真话而牺牲自己一切的高尚者。

萨哈罗夫在获取诺贝尔奖前后，为了维护赫尔辛基协议所规定的各项有关人权的内容，就一直遭受苏联的特务机构克格勃的陷害。

当时，美国、加拿大以及所有欧洲国家（阿尔巴尼亚和安道尔两国除外）都同意"欧洲安全与合作赫尔辛基协议"中一系列保护基本人权的条款。但苏联领导层却认为："我们自家的事自己处理，在自己的家中当然是自己说了算！"这就意味着苏联当局想怎么解释"赫尔辛基协议"的内容，就可以怎么解释，完全低估了国际公认准则的影响力。

苏联确实在任意解释"赫尔辛基协议"的内容，这不仅遭到了国际社会的批评，更遭到了国内的萨哈罗夫义正词严的指责。萨哈罗夫是站在正义的立场上说话，但他正义的声音却为自己招来无尽的麻烦。

在萨哈罗夫获奖之前，克格勃曾接到指示，要不惜一切代价阻止萨哈罗夫获奖，但他们的无理要求丝毫影响不了诺贝尔奖评委会的成员，和平奖该授给谁就授给谁！

萨哈罗夫获奖后，苏联专门批准了一项题为"揭露授予萨哈罗夫诺贝尔和平奖的政治背景的联合行动措施"的文件，企图在世界范围内中伤萨哈罗夫。克格勃第一总局奉命在必要时可以与其他局协作开展下列行动：

——鼓动挪威、芬兰、瑞典、丹麦、英国和联邦德国的公众及政治人物发表文章与演说，说明授予萨哈罗夫诺贝尔和平奖是某些政治势力阻碍东西方缓和进程的企图；

——向挪威议会、诺贝尔委员会等机构发送信件，抵抗授予萨哈罗夫诺贝尔和平奖；

——诬蔑萨哈罗夫与美国中央情报局及其他西方情报机构资助的反动组织有联系；

——挑拨萨哈罗夫和索尔仁尼琴两人的关系；

——鼓动阿拉伯国家的社会活动家发表公开声明，谴责诺贝尔委员会授予萨哈罗夫和平奖。

克格勃用尽了所有能想到的办法来对付萨哈罗夫。仔细看看上面这些行动，只要其中的一项就能置人于死地了，但萨哈罗夫承担了一切！

萨哈罗夫完全不计个人得失，在获奖后仅一个星期，他就在哥本哈根召开了听证会，听证会听取了苏联践踏人权的证据——几乎

弗里德、萨哈罗夫：换位而思

全部违背了赫尔辛基协议。

萨哈罗夫是一个纯粹的科学家，他看到核武器对环境的巨大破坏后，觉得作为一个科学家，为了人类的健康，不能隐瞒这种结果，必须让世界知道其破坏性。作为"苏联核武器之父"，他公开反对核试验对环境的破坏，同时也是和平利用核能源的先行者。

虽然生长于斯大林时代，但是萨哈罗夫从不惧怕权力，只愿意做一个自由人。

1975 年，他在接受诺贝尔和平奖时说这个和平奖"不仅仅是给予我个人的，而是给予整个人权运动的崇高荣誉：我觉得我应该与我们的政治犯分享这个荣誉，——他们通过公开的、非暴力的方式捍卫别人的自由，但是却牺牲了自己最珍贵的东西——自由"。

1980 年，他公开反对苏联入侵阿富汗，被驱逐出莫斯科，流放到高尔基城，有关方面甚至还限制萨哈罗夫与他的妻子叶列娜·鲍纳尔，只给他们两小时时间收拾行装离开。下午 6 点，他们被赶上了一架运输机，飞往 250 英里以东的高尔基市。直到 1986 年，戈尔巴乔夫才将他请回。

萨哈罗夫的哪个举动不是站在别人的角度去考虑问题呢？他的自我牺牲，都以考虑他人的感受为生发原点，他在影响世界的英雄榜中永远都占有重要的位置。

罗斯福：天生我材必有用

　　西奥多·罗斯福（1858—1919），美国著名军事家、政治家。罗斯福的诸多著作，《给孩子们的信》《征服西部》《美国历史中的英雄故事》，闻名于世。1906年，因为成功调停日俄战争，获得该年度的诺贝尔和平奖。罗斯福是个"野心勃勃"的人，这是胸有大志的外在表征。在中国传统，布衣忧天下之人，如曾国藩的"身无分文，心忧天下"，都是大志之人的"野心"，这种"野心"往往是成就成功人生的巨大推力。

　　骨子里有点野心，真不是什么坏事，在更多时候，这是生命有血性的表征。

　　思维中有些野心，如果控制得当，能激发生命里的潜能，促动生命能量的张扬。

　　野心这个词，一直蒙受贬义之羞，这是因为《左氏春秋传》给了它一种不纯正的血统。《左传·宣公四年》："初，楚司马子良生子越椒，子文曰：'必杀之。是子也，熊虎之状，而豺狼之声，弗杀，必灭若敖氏矣。谚曰："狼子野心。"是乃狼也，其可畜乎！'"

　　本来，这只是针对司马越椒一个人的评价，不幸的是，后来经引申发挥，让很多人都背上了这个黑锅。《淮南子·主术训》言："故有野心者不可便借势；有愚质者不可与利器。"强调的是有野心者不可给机会，否则局势难控。《新唐书·张九龄传》："禄山狼子野心，有逆相，宜即事诛之，以绝后患。"论锋所向，纯指安禄山个人的内在品性，这也成为野心一词主要的使用方式。南朝丘迟的《与陈伯之书》曰："唯北狄野心，倔强沙塞之间，欲延岁月之命耳。"元朝白朴的《梧桐雨》"楔子"："况胡人狼子野心，不可留居左右，望陛下圣鉴。"则又将野心之说，用于异族。

　　当然，"野心"之说，也不纯与"狼子"纠连，用其另外意义者抑或有之。唐代诗人钱起的《岁暇题茅茨》诗，便赋予"野心"以新义：

谷口逃名客，归来遂野心。

罗斯福：天生我材必有用

薄田供岁酒，乔木待新禽。

溪路春云重，山厨夜火深。

桃源应渐好，仙客许相寻。

此处之"野心"，便是闲适之心，非狼子之野心。

在当代，说野心，更多具有陈胜起事时说"王侯将相，宁有种乎"的那股不屈之劲，或者是王勃《滕王阁序》所说"老当益壮，宁移白首之心；穷且益坚，不坠青云之志"的不羁之情，这是一个带有强烈拓张意味的说法，是一种自励之词。

人有野心，不是坏事，只是，正如聪明才智，得用在正途上，若用错地方，则越聪明越邪恶。

罗斯福总统，就是一个能将野心用在正途上的成功者。

美国人都认为，西奥多·罗斯福是让美国变得阳刚起来的总统。确实，罗斯福的野心勃勃，为美国的发展注入了强健之气，这是罗斯福一直追求的政治梦想。他因成功调停日俄战争而获得 1906 年的诺贝尔和平奖，成为第一个获得诺贝尔和平奖的美国人。

西奥多·罗斯福，人们称之为老罗斯福，1858 年 10 月出生于纽约市，是美国第 26 任总统。由于 1901 年的总统威廉·麦金莱遇刺身亡，他继任成为美国总统，当时年仅 42 岁，是美国历史上最年轻的在任总统。

罗斯福给人的印象是美国硬汉，野心勃勃，喜欢各类体育运动，政治态度十分强硬。其实，罗斯福年幼时多病，患有哮喘，是个典型的病秧子。由于体弱多病，罗斯福经常受到其他孩子的欺负。父亲为了让罗斯福强身健体，让他参加拳击等体育锻炼。

父亲有意识的培养，使罗斯福成为一个崇尚阳刚之美的人，他认为阳刚是男子汉的第一美德，"如果没有好的身体的帮助，心灵

罗斯福：天生我材必有用

是不能得到充分发展的!"父亲的教诲时时记在心头。在健身房、拳击场、西部郊野等地方,时时能见到罗斯福的身影。就这样日复一日地磨炼,罗斯福赶跑了疾病,成为一个有着强健体格的、充满野心与活力的硬汉。体育锻炼使罗斯福有了充沛的精力应对繁重的工作,有了坚强的意志去锲而不舍地追求成功。

罗斯福是个超人式的人物,他阅读量极大,记忆力惊人,而且非常健谈;他知识渊博,长于历史、生物、德语和法语,对生物学有着浓厚的兴趣,他的著作《1812年战争中的海战》是美国海军学院学生必读的教材;他喜欢户外运动,划艇、打猎、骑马、探险、打球都是他所酷爱的运动项目。

有着强健体魄支撑的罗斯福,在政治上养成了野心勃勃的风格。在哈佛大学读书时,有一次他去见校长,进门就说了一句:"埃略特先生,我是罗斯福总统。"他当总统的政治目标这时就表露出来了,只时当时可能没人注意到这个年轻人的狂妄和野心勃勃!

无论担任何职,罗斯福都表现为一个有强大能量的攻击型政治家。担任纽约市警察局局长职务期间,为了整顿警察的懒散,他独自一人整夜在纽约的大街上巡逻,想看看那些懒警察到底在干些什么。有一次他连夜追踪一个懒鬼警察,并将这家伙带回了警察局,且加以处罚。罗斯福强硬的手腕招致了许多人的怨恨,也为他赢得了全国上下的尊重。

罗斯福入主白宫,白宫就有了一种焕然一新的感觉。白宫内外,几乎没有人不受他的影响。一位来访者的评论很能说明问题:"他的存在充斥着整个房间,四壁都被挤裂了,似乎会向外倾塌。……走进白宫,和罗斯福握手,听他讲话,完了回到家中,你的衣服上仍渗透着他的为人和性格。从他的身上,人们经常会感受到一种激动人心的力量和活力。"一位医生说，平时他给病人看病，总感到自己消耗了一些体力；但是为罗斯福看病之后，他有生以来第一次有一种被输入能量的感觉，仿佛"不是我给予他活力，而是他把某种活力传递给了我"！

就这样，在阳刚总统西奥多·罗斯福的带动下，一时失去方向、文化沉沦的美国迅速恢复了元气，重新找回了充满活力的阳刚国家的感觉，并最终经由伍德罗·威尔逊和富兰克林·罗斯福之手而发展为世界第一强国。而罗斯福在海军大学的那段著名的演讲也长久地留在了人们心中："所有伟大的民族都是富有斗志的民族。一旦一个民族失去了斗志，不管它还保留着什么，不管它在商业和金融或是在科学和艺术方面如何发达，它已经没有资格列入世界民族之林了。"

罗斯福非常注意自己的公众形象，在作家和新闻记者的帮助下，他尽力掩盖所有失败和软弱的记录，以使人们将其视为一个总是勇于直面挑战的英雄。他践诺了他的座右铭："为正义勇猛而战是世界上最高贵的运动。"

罗斯福在总统任内开创了诸多先例。1901年首次邀请一位黑人布克·华盛顿在白宫共进晚餐；奥斯卡·施特劳斯成为第一个被任命为内阁部长的犹太人；麦金莱遇刺后，罗斯福成为第一位接受特勤部门全天候保护的总统；他是第一个在总统官方肖像上打领带的人，自此成为美国总统肖像的着装惯例；他是第一个从副总统继位总统，并于下次大选中获胜的连任者。1906年，罗斯福成为首位获得诺贝尔和平奖的美国人。同年，他视察巴拿马运河区，开创现任总统出国访问的先例。

1912年10月24日，在威斯康星州密尔沃基的一次促选活动中，理发店老板约翰·施兰克向罗斯福行刺。子弹击中演说稿和眼镜框后进入他的胸腔。罗斯福拒绝入院治疗，坚持完成了 90 分钟的强力演说。他对听众说："不知你们听说过没有，刚才我挨了一枪，但是这不够杀死一头公鹿。"医生诊治的结果是，枪伤严重，但是取出子弹会导致更大的危险。因此，罗斯福的身体终身都携带这个弹头。

在调停过程中，他敏锐地察觉新崛起的日本对美国构成的潜在威胁，认识到巴拿马运河对美国不仅具有经济价值，而且能够使美国海军舰队在太平洋和大西洋之间的调动更加快捷，具有重要的军事战略意义。因此，他在任内竭力推动巴拿马运河工程，并且视其为自己最伟大的成就。

对生活在 20 世纪头 20 年的美国人来说，西奥多·罗斯福不啻是一个偶像，是那个时代的象征。1956 年的《大英百科全书》评价道："可以这么说：华盛顿创建了美国；林肯保卫了美国；而罗斯福则恢复了美国的活力。"而格伦·戴维斯则说："是罗斯福真正揭开了美国阳刚政治时代的序幕。"

有野心的人，往往是斗志昂扬、奋发向上的人。这种人为了达到自己预先设定的目标，会激活自己全部的生命能量，一路前行！在学习与生活中，遇到挫折、意志消沉等境遇需要你面对时，何不多一份罗斯福式的野心呢！

罗斯福：天生我材必有用

麦克林托克、特明：以心即物

　　芭芭拉·麦克林托克（1902—1992），美国著名科学家，主要从事玉米遗传学的研究，发现了玉米染色体遗传的易位、倒位、缺失、环状染色体等情况。1983年，81岁的芭芭拉·麦克林托克获得诺贝尔生理学或医学奖，她的"转座基因"说终获世人承认。

　　麦克林托克、特明都是凭着对直觉的敏锐而获得成功的人。在中国传统文化中，从结绳记事到《周易》的取象原则，都是用直觉思维把握世界的结果，而文学创作中直觉的重要，在刘勰《文心雕龙》这样的巨作中都有论述。抓住直觉，便有可能赢得人生。

直觉，就是用思维的触角，直接触碰外界对象，实现思维与外界的零距离接触，正是心物无间的阔大境界。

在中国的传统中，道家是最重视以直觉观照身外世界的。

老子说："载营魄抱一，能无离乎？抟气致柔，能如婴儿乎？涤除玄鉴，能无疵乎？爱民治国，能无为乎？天门开阖，能为雌乎？明白四达，能无知乎？""涤除玄鉴"已经成为中国美学中的重要范畴，就是要清除内心的杂念，以观照世界。

老子又说："致虚极，守静笃；万物并作，吾以观复。"此处更是主张虚静内心，以通达万物之生长运作，直观把握自然万物的意蕴更为明畅。

庄子对于直觉之把握，较老子更为直接。《庄子·大宗师》云："堕肢体，黜聪明，离形去知，同于大通，此谓坐忘。""坐忘"是抛弃一切，与外界为一，外界就是自我，自我即是外界，两者无间。所以，郭象注此句时说："夫坐忘者，奚所不忘哉？即忘其迹，又忘其所以迹者，内不觉其一身，外不识有天地，然后旷然与变化为体而无不通也。""忘其迹""又忘其所以迹"，最后"无不通"，直观是能让人智把握世界的

庄子也借孔子之口说要"心斋"："若一志：无听之以耳而听之以心，无听之以心而听之以气。耳止于听，心止于符。气也者，虚而待物者也。唯道集虚。虚者，心斋也。"心斋即是要虚怀，要空其内心，无杂念，以更好地直观万物。

直观在科学上的重要性，丁肇中先生在谈到"J"粒子的发现

麦克林托克、特明：以心即物

时说："1972 年，我感到很可能存在许多有光的而又比较重的粒子，然而理论上并没有预言这些粒子的存在。我直观上感到没有理由认为这种较重的发光的粒子（简称重光子）也一定比质子轻。"丁肇中就是以直觉感受到重光子的存在，而进行研究，进而发现了所谓的"J"粒子，因此而获诺贝尔物理学奖。

因直觉而获奖的人，还有芭芭拉·麦克林托克、K.V.弗里施等人。

1983 年，81 岁的芭芭拉·麦克林托克，终于站在了诺贝尔领奖台上，接受诺贝尔生理学或医学奖的殊荣。

至此，经过三十多年时间的考验，美国著名植物学家、遗传免疫学家麦克林托克的"跳动基因"学说终于在科学圣殿中找到了自己应有的位置。

麦克林托克终身从事玉米细胞遗传学方面的研究，她的"跳动基因"学说指出：基因可以从染色体的一个位置跳跃到另一个位置，甚至从一条染色体跳跃到另一条染色体，这一发现为研究遗传信息的表达与调控、基因进化与癌变找到了重要突破口。

麦克林托克的血液里，奔流着一种非常可贵的精神：独立。据麦克林托克自己讲，她的"独处的能力"始于摇篮："我母亲常常在地板上摆一个枕头，给我一件玩具，就随我去了。她说我从来不哭，不吵着要东西。"

父母亲非常注意培养麦克林托克的独立精神。麦克林托克进入小学的第一天，她父亲就明确地告诉学校的老师，不得向他的孩子布置家庭作业，他觉得孩子一天有 6 小时待在学校，占用的时间就够多了，在校外，他们应该做另外的事情。麦克林托克喜欢溜冰，父母就为她买了最好的冰鞋和溜冰装备。

后来，麦克林托克迷上了因脸孔冷漠而拒大部分女孩于门外的科学，解答科学难题给了她一种任何东西都无法取代的快乐："我解答问题的方法常出乎教师的意料之外……我请求教师，'请允许我……看我能不能找到标准答案，'而我找到了。那真是一种巨大的快乐啊，寻找答案的整个过程就是一种纯粹的快乐。"在当时的美国，一个女孩学科学是非常成问题的，但麦克林托克的父母一如既往地支持了她的选择，1919 年麦克林托克进入康乃尔大学的农学院，学习遗传学。

麦克林托克用"直观"来解密基因活动的秘密。

我们眼中的玉米粒都是黄色的，但是在玉米发源地的中、南美洲，玉米粒却有蓝色、棕色和红色等颜色。麦克林托克的"直观"，敏锐地找到这些与众不同的玉米粒。她曾经说过："最重要的，就是要训练自己发展出一种能力，能看出那一粒与众不同的玉米粒，然后追根究底。"麦克林托克就训练出了这种直观的能力，凭着对生物的敏锐感觉，她能把这种能力发挥到极致。

麦克林托克不仅凭敏锐的"直观"能找出那粒颜色异常的玉米，她的"直观"能穿透玉米，进入玉米的内部。难怪洛克菲勒大学荣誉教授霍奇基斯博士会这样惊呼："麦克林托克，有一个内在的'镜头'，在脑海里勾画出一片更广的景象，展示整个细胞及解剖图案，进而跨入第四度空间（时间）看见成熟的玉米株在整个发育过程中，各细胞及组织内染色体的变化。"

麦克林托克相信自己能"跑进玉米细胞里"，她说："我每次在观察一个细胞时，都会跑进那个细胞里，四处看看。"她对"直观"的专注程度，达到了忘我的境界。有时候，她会专注到忘记自己的名字，要花很长时间才能想起来。在描述自己的"直观"能力时，麦克林托克给它蒙上了点神秘色彩："当你突然看清楚整个问题，刹那之间，也就是在你还无法用语言描述它以前，你就已经晓得答案了！那完全是一种潜意识的活动。我有太多类似的经验，所以我知道什么时候应该相信那种感觉，我会感到非常确定，不必去讨论它，不必跟别人讲，我就是有十足的把握。"

其实，这是麦克林托克多年与玉米打交道的结果，她太熟悉这种植物了，已经与它们融为一体。麦克林托克总对她的学生说："如果你仔细去观察，每一个生物都会向你透露出它的秘密。"她要求学生"多花时间、多看"，随时注意捕捉平淡无奇现象背后藏着的秘密。

　　特明（1934—　　），美国肿瘤学家。特明在研究癌细胞时，发现了"逆转录酶"的酶的作用，与他人分享了1975年度的诺贝尔生理学或医学奖。

勤记录就是一种好办法。

随时给脑袋准备一个小本子，用于捕捉直觉带给我们的发现。

1975 年获诺贝尔生理学或医学奖的 H．M．特明博士，就是一个这样的成功者。

从小到大，特明就不是那种天才般聪明的人，很普通很平凡。可特明有一个非常好的习惯，总喜欢随身带一个小本子和一支铅笔，把自己千奇百怪的想法都记下来。一有空闲时间，他就会安静地坐在一旁，仔细地琢磨那些记录下的想法。

这个好习惯帮助特明走上了诺贝尔领奖台。

在实验中，特明发现，受到病毒感染的细胞在出现癌变的时候，会产生形态上的变化；在发生变化之前，细胞内会产生 RNA 型病毒。在做这些实验的过程中，他把遇到的问题，如感染了病毒的细胞为什么会继续繁殖，为什么细胞会发生形态变化，细胞的基因发生了什么样的变化，为什么必须先有 DNA 的合成，感染后多长时间细胞会产生病毒等，都逐一记在本子上，以后再继续做实验，解决这些问题。有了这个随身携带的小本子，特明的各种各样的想法就有了一个"家"，不会偷偷地溜走了。

最后，特明终于找到了其中的秘密：RNA 型病毒要繁殖，必须以 DNA 的重新合成为条件，即感染上的 RNA 型病毒，首先要以 RNA 型病毒为模板，合成出 DNA，然后再以这种 DNA 为模板，合成出 RNA 型病毒。

特明因为发现了生命的这个秘密而获诺贝尔奖，他的小本子功不可没！

麦克林托克、特明：以心即物

马勒、海门斯：于无疑处有疑

马勒（1890—1967），美国遗传学家。马勒的研究涉及人类遗传、遗传交换、基因突变等方面，同时，更是一位有高度社会责任感的科学家，关心科学社会主义，心系人类未来命运。1946年，他因对 X 射线产生突变的研究，获该年度诺贝尔生理学或医学奖。

马勒、海门斯都是有怀疑品格的成功者。中国的传统中，从孔子的"学而不思则罔"的"思"即疑，到理学名家张载的"于无疑处有疑，方是进矣"，再到胡适的"做学问要在不疑处有疑，做人要在有疑处不疑"，等等，"疑"的辩证法，总贯穿在为学为人之中。

怀疑、提问，在一个人成长的过程中，在一个人成功的路途上，有着怎样的催化作用，人人皆知，但并非所有的人，在行事时，思维中都会带着小问号。

孔子有一句话，广被援引，即《论语·公冶长》中所载：

子贡问曰："孔文子何以谓之'文'也？"
子曰："敏而好学，不耻下问，是以谓之'文'也。"

孔子解释孔文子何以谥文，说了两个很精辟的字：学与问，学与问兼长，方可称文。

一个最有疑问精神的人是屈原，其《天问》，问天、地、自然、社会、历史、人生，共计一百七十余个问题，充满着睿智！如："圜则九重，孰营度之？""八柱何当，东南何亏？""东西南北，其修孰多？"任何关于自然奥妙的探询者，面对屈原的提问，都不会觉得自己有多高明。

还有一个"戴震难师"的故事，也应在此述及。段玉裁在《戴东原先生年谱》中说：

先生是年乃能言，盖聪明蕴蓄者久矣。就傅读书，过目成诵，日数千言不肯休。授《大学章句》，至"右经一章"以下，问塾师："此何以知为孔子之言而曾子述之？又何以知为曾子之意而门人记之？"师应之曰："此朱文公所说。"即问："朱文公何时人？"曰：

"宋朝人。""孔子、曾子何时人？"曰："周朝人。""周朝、宋朝相去几何时矣？"曰："几二千年矣。""然则朱文公何以知然？"师无以应，曰："此非常儿也。"

戴震之所以能成大家，与他的怀疑精神密切关联，特别是他在文字学领域里的创获，更与他的处处质疑有关。

质疑善问，是成功必备的素质。于不疑处有疑，更是科学探索能获成功的关键要素。

在众多诺贝尔获奖者中，最具质疑精神的可能就是 H.J. 马勒博士了。因为他好胜心切，所以总是怀疑别人的结论，并且不停地与别人展开针锋相对的争论，这下好了，马勒成了很多人眼中的"敌人"。

马勒出身贫寒，父亲靠做金属工艺维持一家人的生活。不幸的是，马勒 10 岁时，父亲就去世了。坚强的马勒完全凭着自己不屈服的性格，在非常艰难的条件下完成学业。

从小学到大学，马勒一直是个"不安分"的学生，经常和老师发生冲突。有一次，他在做练习题时，发现了一道练习题里有错误，因此和老师争得脸红脖子粗。老师说题目不会有错误，马勒不仅证明了这道题有错误，而且还一口气把练习册里的其他错误都找出来了，一共有 28 处之多！原来，这本练习册的出版商故意设置了这么多错误，看哪个小家伙能全部找出来，马勒一个不漏地都找到了，出版商对这个不屈服的孩子进行了小小的奖励。

从哥伦比亚大学毕业后，马勒在摩尔根博士的指导下从事研究。摩尔根以果蝇作为研究材料，观察果蝇的自然突变体，以了解变异后的基因在染色体中的位置。摩尔根博士倾注全部精力，绘制出了变异染色体的基因位置图，获得了诺贝尔奖。

但是，马勒在摩尔根获奖后宣称，摩尔根是根据自己的设想获得研究成果的，他剽窃了自己的想法，这件事让马勒与摩尔根反目成仇。

马勒决定与摩尔根展开竞争，摩尔根用的是自然突变方法，他决定采用人工突变方法。他用 X 射线照射果蝇，结果发现，经 X 射线照射后，突变频率提高了很多，而且，突变增加的程度与 X 射线的辐射剂量成正比。然而不幸的是，就在他设法完成诱发突变这一划时代的方法时，他又和自己所在的大学发生了冲突，无奈之下，只得前往法西斯统治下的德国。

后来，马勒出于对社会主义的向往，又来到了苏联。在苏联，他又和以李森科为代表的伪科学展开论战，最后不得不离开苏联。

马勒是一个富有社会责任感的科学家，他不仅关心遗传学研究本身，而且关心社会主义，关心原子能时代射线对人类的危害，关心优生学和人类的未来命运，并且因这些问题而不停地和别人争论。马勒最后回到了美国，结束了他的漂泊旅程。他发明的诱发突变法提高了实验效率，他的相关理论也牢牢地在遗传学领域里扎了根。1946 年，因发现 X 射线可以诱发突变而获诺贝尔生理学或医学奖，这是命运之神对这位"好斗"的科学家的最高嘉奖！

马勒、海门斯：于无疑处有疑

　　科内尔·海门斯（1892—1968）：比利时医学家。海门斯的研究关注人的呼吸这一再平常不过的行为，探究呼吸背后有怎样的神经生理活动在支配。1938年，因发现了颈动脉体和主动脉体调节呼吸的作用，海门斯获诺贝尔生理学或医学奖。

科内尔·海门斯也是一个善于提问的人。

1938 年，因为在呼吸和血液等领域内的研究所作出的突出贡献，1938 年的诺贝尔生理学或医学奖授予比利时的科内尔·海门斯。

1892 年，科内尔·海门斯出生于比利时名城——根特城，而他的父亲就是闻名欧洲的根特大学的教授，也是根特大学药物动力学与治疗学研究的创始人。出生于良好的家庭环境，科内尔从小就深受父亲的影响，立志成为一名科学家。

海门斯从小就喜欢提问，向父亲提数不清的问题。而这正是作为科学家的父亲所希望的，所以他总是有问必答，用明白易晓的语言向他解释问题。

有一次，海门斯和父亲在外面散步时，向父亲提问说："爸爸，为什么潜水前越是多做深呼吸，就越能长久地待在水下呢？"

父亲回答说："在潜水之前越是多做深呼吸，在水下待的时间就越长，这是因为做深呼吸后，血液中的二氧化碳减少，氧气增多。血液中的二氧化碳减少，氧气增多，呼吸自然减慢，甚至可以暂停片刻。呼吸意味着人体的新陈代谢，供给氧气，呼出二氧化碳，而血液中的二氧化碳剩得越少，氧气贮存越多，呼吸暂停的时间就越久。"

小海门斯明白怎么回事了，原来深呼吸可以多储存氧气。不过，小海门斯觉得这还不过瘾，他还想亲自体验一下潜水的感觉呢！

一个人潜水没劲，小海门斯约了一帮小伙伴，进行潜水比赛。

马勒、海门斯：于无疑处有疑

由于海门斯是年龄最小的，所以总不能胜过其他人。海门斯当然不服气了，就一个人在游泳池里练潜水。小海门斯练习潜水，还有一段有意思的插曲——拿鸡当"陪练"！小海门斯想，鸡在水里能待很长时间吗？得和它比比！于是，他偷偷地从家里逮了一只鸡，塞进书包里，一溜烟似的跑进游泳池。和鸡一起沉下水，比赛开始。1秒、2秒……啊，实在憋得受不了了，小海门斯"哗"地冒出了水面。可是，让他惭愧的是，鸡还在"扑腾扑腾"地乱挣扎，精神着呢！

小海门斯可不服这门子气，又抱着鸡沉入水中，呵呵，第二次比赛，他还是败下阵来。接着是第三次，第四次……最后，那只鸡被海门斯折腾得一动不动了，海门斯再次潜入水中，140秒，成绩提高了很多，他觉得自己赢了！抱着那只快淹死了的鸡，小海门斯像个得胜归朝的英雄似地回家了。

回到家后，鸡死了，小海门斯只得如实地向家里交代了一切，好在父母亲都没责怪他。

小海门斯是个"问题王"，总会不停地提出问题来，而且解决问题时有锲而不舍的劲头，这正是一个成功科学家必备的素质。长大后，他和父亲一起研究主动脉弓区和颈动脉窦区的外周感受器在血压和呼吸调节中的作用，发现了呼吸调节的机理，因而获得1938年度的诺贝尔生理学或医学奖。

1950年获诺贝尔文学奖的伯兰特·罗素，是世界闻名的百科全书式的大家，他涉足众多社会科学领域，在哲学、数学等方面都有精深的造诣。他有一条众所周知的人生信条："我们必须学会坚持提问的权利，但特别注意在怀疑的同时不要丧失思想的敏锐。"罗素的一生也是不断提问的一生，他质问什么叫大众良知，什么是人间正义，什么叫平民情结等等，他带着这些问题从事着自己的

马勒、海门斯：于无疑处有疑

研究。

关于海门斯和罗素，还有一点值得一提，那就是：海门斯两次参加世界大战，为人类战胜邪恶、获取和平作出了重要贡献；罗素为抗议法西斯战争，奔走呼吁，曾为此而入狱六个月。

一定要记住罗素的那句话："必须学会坚持提问的权利。"培养问题意识，带着问题去探索，不仅有目的和方向，而且更有动力。经常享受完美解决问题后带来的快乐，人就会越来越聪明，越来越靠近成功。

马勒、海门斯：于无疑处有疑

曼斯菲尔德、费米：自诚明

　　彼得·曼斯菲尔德（1933— ），英国物理学家。2003 年，由于他与美国科学家保罗·劳特布尔在核磁共振成像方面的突出研究，共同分享该年度的诺贝尔生理学或医学奖。

　　曼斯菲尔德、费米都是脚踏实地的"诚实"者，他们的"诚实"助推了他们的成功。"诚"是中国传统文化固有的基因，即指心性诚明，亦指脚踏实地的踏实精神，为人以"诚"，何事不"成"呢！

诚信是我们根深蒂固的传统，踏实是我们民族的优秀品格。

孔子虽较少言"诚"，但他主张"忠""信"，这也是诚的两个重要层面。

《论语》中有多处这样的表述，比如："人而无信，不知其可也。""言必信，行必果。""言忠信，行笃敬，虽蛮貊之邦，行矣；言不忠信，行不笃敬，虽州里，行乎哉？""与朋友交，言而有信。"都是千古名言，渗入我们所有人的生活中，成为修身准则。

而在《论语·阳货》中，子张与孔子的对话，更应该拈出：

> 子张问仁于孔子。孔子曰："能行五者于天下，为仁矣。""请问之。"曰："恭、宽、信、敏、惠。恭则不侮，宽则得众，信则人任焉，敏则有功，惠则足以使人。"

诚信，就会得人信任，这是仁的五种重要成分之一，在孔子的做人准则中，诚信占有重要的位置。

而在《中庸》中，"诚"便成为终极式的哲学命题。如《中庸》第二十章中便直接言及：

> 诚者，天之道也。诚之者，人之道也。诚者，不勉而中，不思而得，从容中道，圣人也。诚之者，择善而固执之者也。

"诚"是天、人之道，这种对"诚"的哲学提升，说明"诚"

曼斯菲尔德、费米：自诚明

在国人的精神世界里，已经不是一般的行事准则了。

孟子也延续《中庸》的思想，提出："是故，诚者，天之道也；思诚者，人之道也。至诚而不动者，未之有也；不诚，未有能动者也。"孟子觉得，做个诚信的人，是非常快乐的，所以他说"反身而诚，乐莫大焉"，在圣贤的精神世界里，"诚"永远是有独特魅力的。

需要指出的是，所谓诚，既指诚实无欺，也指真实无妄，更指踏实做人、做事，其中的含义是多重的，理解时不能拘于一隅，不及其余。

在诺贝尔获奖者中，曼斯菲尔德、费米就是具有诚实做人、踏实做事品格的人。

曼斯菲尔德是 2003 年度诺贝尔生理学或医学奖获得者，有了他的研究成果，即磁共振成像技术，使我们平常所说的"看"病成为现实。

借助这种成像技术，通过对身体相关部位的扫描，能清晰、逼真地显示出生病部位的解剖结构，给医生诊断患者病情提供最直接、客观的依据。这种技术在脑组织、神经系统、心血管系统、腹部、全身血管的大视野扫描等方面大显身手，在疾病诊断中的价值越来越大。比如一个患者，医生使用这项技术，不但在几分钟内便可以判断出患者是否中风，而且还可以显示出病人哪部分脑组织正处于危险之中。"时间就是大脑，我们越迅速地作出诊断，越快地开始治疗，我们挽救大脑的把握也就越大。"医生都这么认为。

有谁知道，取得这项技术关键性突破的曼斯菲尔德，是从书籍装订工走向诺贝尔领奖台的呢！

15 岁那年，曼斯菲尔德辍学，先是干书籍装订工，然后又成了印刷工人。第二次世界大战期间，曼斯菲尔德第一次看到火箭，

曼斯菲尔德、费米：自诚明

见到这种"巨无霸"式的武器时，他大为惊叹，从此迷上了各种武器！曼斯菲尔德对各种武器都非常喜爱，特别是对武器原理有着浓厚的兴趣。

他开始自学武器、物理方面的知识，而且进步很快。后来，经过努力，凭着自己自学来的知识，他在一个政府研究机构找到了一份工作，与研究火箭原理的专业人员一起从事火箭研究。小书籍装订工成为火箭研究人员，曼斯菲尔德完成了自己生命中第一次破茧成蝶式的蜕变。

曼斯菲尔德酷爱飞行，他儿时的梦想就是要"飞上天"，这个梦想一直支撑着他，成为他孜孜不倦地探索的动力。当然，曼斯菲尔德实现了自己的梦想，现年七十多岁的老教授，拥有飞机和直升机两用的飞行员执照，他随时都可以在天空中自由飞翔。

曼斯菲尔德最感动人的地方是他的真诚——真诚地表达、真诚地工作、真诚地做人、真诚地对待一切，真诚让他走向成功。

获奖的当天早上，曼斯菲尔德教授的妻子接到了第一个报喜电话。当她告诉教授时，他在浴室里说："大早上的别开这种玩笑。"直到他亲自接到正式电话通知才相信。后来，他真诚地说："没料能得诺贝尔奖。"

曼斯菲尔德教授从不讳言自己的内心感受，他是怎么想的，就怎样表达。有人说，与曼斯菲尔德一同获奖的另外一名科学家，对这项技术的贡献不同，曼斯菲尔德做的工作更多。而他坚持说，事实上，他和另外的获奖者几乎同时各自独立完成了整个核磁共振项目的全过程，只是在技术、方法上略有不同，自己的方法更侧重于数学原理。

对自己研究成果的缺点，曼斯菲尔德教授也是直言不讳："最突出的不足就是噪音太大，开机的一瞬间可达 140 分贝。这不但会

曼斯菲尔德、费米：自诚明

247

使受检者紧张，影响图像效果，还有可能损害受检者听力。"他以后主要解决的就是噪音问题，以便使检查更有效、更舒服。

谈到诺贝尔奖的影响时，曼斯菲尔德教授更是真诚地说："这是一份荣誉，不仅仅属于我个人，也属于这个小组，这所大学，这个城市。这对我们当然很重要，每个人都会受益。"

曼斯菲尔德也真诚地指出了中国科技发展的弱点："中国人非常优秀，我一直很欣赏中国人的才干和聪明智慧，中国人完全有能力问鼎诺贝尔奖。但是，目前中国和其他技术发展迅速的国家面临相同的问题，就是将注意力过分集中在高技术的发展上，而在某种程度上忽略了基础研究方面的投入。然而在我看来，基础研究是一切技术进步的根本。"

曼斯菲尔德对中国科技的真诚评价，是不是给了我们一个最好的启示呢？

曼斯菲尔德、费米：自诚明

恩利克·费米（1901—1954），美籍意大利著名物理学家。费米在理论物理学与实验物理学方面都有惊人成就，有"中子物理学之父"之誉。1938 年，因为"表彰他认证了由中子轰击所产生的新的放射性元素，以及他在这一研究中发现由慢中子引起的反应"，获该年度诺贝尔物理学奖。

物理学家费米，则是个脚踏实地"飞翔"的天才。

费米在物理学方面有太多的贡献了，最突出的是他在发明核反应堆中所起的重要作用，不管从哪方面讲，他都可称之为第一座核反应堆的总设计师。天才费米是整个科学界的"明星"，他于1938年获得诺贝尔物理学奖。

费米是个脚踏实地"飞翔"的科学巨人，物理学界都这样评论他："He has his feet on the ground."意为他脚踏实地。

费米能成功，关键在于他脚踏实地，苦练基本功，他每前进一步，都是建立在扎实的基础上。认识费米的人普遍认为，他之所以能取得这么大的成就，是因为他的物理学是建立在稳固的基础上的。

小时候，费米作文写得不好，因为他喜欢把什么都说得直接明了，不喜欢修饰，因为这个，老师说他缺乏想象力。这一点说明他不是个具有文学细胞的人，但恰恰证明了他的科学天赋——思维清晰，直截了当地说明问题的要点，不使用任何一个多余的词汇。

费米喜欢数学和物理。为了找到自己喜爱的书籍，他可以整天整天地泡在图书市场里。弄到了自己喜欢的书，便没日没夜地读。有一次，费米弄到了一本物理方面的书，他觉得实在太精彩了，一口气就读完了这本书。读完后，他摸着脑袋对姐姐说："这部书是用拉丁文写的，等看完全书，我才发现这一点。"后来，费米父亲的一位叫杰涅尔·阿米代伊的朋友，发现了费米的数学和物理才能，便指导费米循序渐进地读了很多书，奠定了他在数学和物理方

曼斯菲尔德、费米：自诚明

面的坚实基础。

还不到二十一岁，费米就获得了博士学位。进入他所喜欢的研究领域后，他凭着过硬的基本功，能一眼发现别人发现不了的问题，并用最简洁的语言表述解决的办法。有一次，在解决量子电动力学的一个基本问题时，一些伟大的物理学家，如狄拉克、鲍利、海森堡等，都把这些问题说得非常深奥，有深厚物理学知识的人都看不明白，更不要说不懂物理的人了。费米不仅找到了解决问题的办法，而且将量子电动力学进行了加工，使之变得非常具体、非常清楚。费米就有这么奇特，从简单的到复杂的所有问题，经过他一处理，都变得非常清楚了，使人觉得中学生都可以懂。

费米有一种特殊的能力，将复杂的问题迅速分解成非常基础、非常简单的部分，并最终找到答案。这还是说明了一点，费明最后还是回到了基础知识。20世纪40年代的一个早晨，世界第一颗试验原子弹在美国新墨西哥州沙漠上空爆炸。40秒钟后，震波传到费米和他的学生们驻扎的基地。还没等学生们明白怎么回事，费米拿起一张纸，迅速撕成碎片然后抛向空中，学生们都不知道费米这样做有什么目的。扔向空中的碎纸随风飘落，费米根据碎纸飘落的速度列出算式，迅速地计算出试验原子弹爆炸的能量相当于1万吨烈性炸药。费米又是用最基础的办法解决了一个最为尖端、复杂的问题，方法之简单、巧妙，真令人惊叹！

萨拉马戈、海明威：文以载道

若泽·萨拉马戈（1922—2010），葡萄牙文坛巨匠，他的《修道院纪事》和《失明症漫记》，都是不朽之作。1998年，"由于他那极富想象力、同情心和颇具反讽意味的作品，我们得以反复重温那一段难以捉摸的历史"而获诺贝尔文学奖。

萨拉马戈、海明威都是文坛大家，写作既是他们的生活，也是他们的成功。在中国的传统中，文道、人道、治道，都是一体的，正如刘勰所言，"文"有与"天地并生"之"德"，对"文"的重要作用与价值，充分肯定。

善用文字来精致地表达思想，是一种高度的技巧。

也就是说，玩文字游戏，并非人人都是行家。

杜甫《偶题》诗曰：

文章千古事，得失寸心知。作者皆殊列，名声岂浪垂。骚人嗟不见，汉道盛于斯。前辈飞腾入，馀波绮丽为。后贤兼旧列，历代各清规。

正说明文因人异，千人千面。一个最有说服力的例子，就是一道高考作文题，上百万考生同时写，千姿百态，有妙笔生花之篇，也有拉杂扯凑之什。

中国历史上，有口吃、难言之人，但极善于用文字来表达思想，佳构良篇，千年留传。

如韩非子，《史记·老子韩非列传》载："非为人口吃，不能道说，而善著书。与李斯俱事荀卿，斯自以为不如非。"今天流传的《韩非子》一书，之中的文字汪洋恣肆，持论谨严，可一读再读。

如司马相如，《史记·司马相如列传》载："相如口吃而善著书。"司马氏之《子虚赋》《上林赋》《大人赋》《长门赋》等，奠定了汉代大赋的基本风格，扬雄对之赞叹说："长卿赋不似从人间来，其神化所至邪！"司马相如确有神来之笔。

又如北宋诗人家安国，与苏轼是同乡、同学，与黄庭坚、苏轼、苏辙等相友，但亦是口吃之人。黄庭坚《戏赠家安国》诗曰：

家侯口吃善著书，常愿执戈王前驱。朱绂蹉跎晚监郡，吟弄风月思天衢。二苏平生亲且旧，少年笔砚老杯酒。但使一气转洪钧，此老矍铄还冠军。

中国人对"文"与"为文"，极为重视，刘勰在《文心雕龙》中说"文之为德也大矣，与天地并生"，是论"文"重要之名句。清代朱彝尊说"文章千古事，社稷一戎衣"，文与武，都是安家定邦的两只手，废一不可。

相比古人，我们不得不承认，我们用文字表达思想的能力退化得触目惊心，很多人实际上连简单的句子都不会写，写一段简单的话都力不从心。有人天真地认为，当下的网络环境，为人人写作、表达意见提供了平台，所以就说"人人都是写作者"的时代到来了，实属胡扯！我们的时代若是进入全民写作的时代，国人都有咳唾成珠的写作能力，我们就不会看到如此多的网络垃圾，污人耳目。

我们必须学会用文字来表达思想，这是必备的能力。

诺贝尔文学奖获得者，都是我笔写我思的高手。下述两例，即若泽·萨拉马戈与海明威，是更为特异者。

1998年的诺贝尔文学奖授予给葡萄牙作家若泽·萨拉马戈，他获奖的理由是："由于他那极富想象力、同情心和颇具反讽意味的作品，我们得以反复重温那一段难以捉摸的历史。"若泽·萨拉马戈是首位获得该奖的葡萄牙语作家，获诺贝尔奖之前，他曾荣获国内外诸多文学奖项，其中最高的是1997年获得的卡蒙斯奖——葡萄牙文学中最宝贵的奖项。

若泽·萨拉马戈1922年出生于葡萄牙东南部巴特茹省一个贫苦的农民家庭，两岁时随父母来到首都里斯本。由于家境贫寒，萨拉马戈只读了两年中学就辍学了，在一家制锁坊当学徒。为了生存，萨拉马戈先后做过焊机售货员、绘图员、校对员、编辑、翻译、记者和保险公司的行政人员，遍尝生活的艰辛，这不仅为他的写作提供了充足的素材，也形成了他始终如一坚持的写作观——为老百姓写作！萨拉马戈酷爱阅读，闲下来的时候，总会认真阅读他喜欢的书籍，书籍带给他另外一个丰富多彩的世界，他是如此喜欢这个世界。

萨拉马戈是个实话实说的作家，他想表达什么，就一定会说什么。比如有记者问他："童年时代你就喜欢写作吗？"萨拉马戈回答得非常干脆，他不是人们所期待的所谓神童，而且不是一个特别好的学生，但他过着一个正常孩子的正常生活，只是当他开始在公共图书馆里、在夜间看书时，他才遇到了文学，这完全是一种偶遇。

萨拉马戈是一个"能够而且总是愿意好好讲故事的作家"，他的故事构思精巧奇特，语言幽默，深受读者喜爱。更重要的是，萨拉马戈是一个"愤怒的作家"和"仗义执言"的作家，他说："我的全部作品，都是对错误的反思"；他关注小人物眼睛所看到的一切，"努力要平天下之不平，也同时弥补自己的缺陷"。

正如萨拉马戈是个实话实说的人，他更是一个我笔写我思的人，他真实地思考对问题的看法，同时用笔真实地记录。萨拉马戈以"人道主义的关怀心"，"对当代葡萄牙的强权政治加以讽刺"。"一针见血地说出自己的真实想法。"正是这些征服了诺贝尔文学奖的评委们，萨拉马戈才能摘取诺贝尔文学奖的桂冠。

萨拉马戈不仅实话实说，而且"我手写我心"，心里怎么思考人生与社会，就用笔真实地记录。那些最有感染力、百读不厌的文字，往往就是以"真实"俘获我们的阅读味觉。

　　欧内斯特·米勒尔·海明威（1899—1961），美国著名作家、记者，他的作品《老人与海》《太阳照样升起》《永别了，武器》等广为流传，哺育了众多读者。1954年，"因为他精通于叙事艺术，突出地表现在他的近著《老人与海》中，同时也由于他在当代风格中所发挥的影响"而获诺贝尔文学奖。

海明威是个把文字当成思维翅膀的人。

在所有诺贝尔奖获得者中，海明威算是最"苦"的人：参加过两次世界大战和西班牙内战，身上存有237块弹片，头部缝过57针，在非洲两度飞机失事，五次被脑震荡纠缠上，晚年视力近乎失明，长年患有肝病、糖尿病、肾病和严重的皮肤病，患有焦虑症和忧郁症，不是超人，能承受得了吗？但海明威坚信："人可以被毁灭，但不可以被打败。"海明威是真正的强者，一个把文字当作思维翅膀的强者！

海明威深受父亲的影响，从某种意义上说，他是父亲生命的真正延续。在海明威很小的时候，父亲就让海明威走进大自然，教他如何在野外生火煮东西，如何使用斧子砍伐树枝，在林中空地搭起棚子，如何照爷爷从战场上带回来的子弹的模样制出新子弹，如何剥鱼、杀鸡、杀鸭，下锅做菜，如何细心保护猎枪、钓鱼用具等。海明威在大自然里长大，培养了坚韧不拔的性格和吃苦耐劳的精神。海明威亲近自然的习惯保持了一生，也影响了他一生。

海明威有个什么都不怕的童年。他喜欢肩上扛着一支半新不旧的老式步枪，两眼望着前方，正步前进。他能背诵丁尼生"小分队向前冲"的诗句，并把自己比作士兵，把拾来的木棍当作大口径短枪、长枪、来复枪、左轮手枪等。"当有人问他害怕什么时"，他母亲回忆说，"他大声地回答，他什么也不怕。"

有一次，海明威跟着母亲参加了教堂歌唱班的集体活动，这是

萨拉马戈、海明威：文以载道

他第一次参加集体活动。参加活动后的第二天，海明威用自己的稚嫩的语言写出了一生中的第一个故事。从此，他的生命与文字难解难分地交织在一起了，他成了一辈子都追着文字"跑"的"运动员"，他的思维借着文字飞翔着，飞得很高很远。

海明威开始迷恋看故事、听故事，并且特别喜欢编故事，同时也喜欢演故事。读第七级英文班时，他演绿林好汉"罗宾汉"的故事，身披长褂，脚着带扣长靴，头戴丝绒帽，嘴边饰着假胡子，手拿一把自制的长拉弓，演得惟妙惟肖。

十四岁时，海明威和几个伙伴坐在小屋里的火炉前，高声朗读伯翰·司各脱的作品《德拉袭拉》中的诗句。朗读时，海明威的心情激动，联想翩翩，以致睡到半夜，在梦里还在高声朗读《德拉袭拉》中的诗句，把屋里的人都惊醒了。

海明威大约十六岁开始认真写作，二十岁那年，他作出了一个影响自己一辈子的决定：当作家。海明威没有选择上大学，而是只身去了加拿大，担任《多伦多明星周刊》的特约作者，他成一个真正的"文字客"。

海明威一生写下了大量的著作，这些著作被一代又一代的人阅读，成为这个世界牢不可分的一个组成部分。许多年以后，拉丁美洲的诺贝尔文学奖得主、哥伦比亚著名作家加西亚·马尔克斯参观海明威的故居后惊叹："这是一个多么少有的图书馆！"其实，海明威是用生命为人类搭建了一个特殊的图书馆。

海明威最具特征的写作风格就是简洁利索，短句铿锵有力。他放弃了无关的素材、花哨的技巧、蹩脚的形容等等，海明威绝不允许自己的作品中有不必要的成分，因此，他对自己作品的修改达到吹毛求疵的程度。据说，《永别了，武器》的结尾他重写了三十九次。《老人与海》他校改了两百多次，本来可以写成一千多页的长篇巨著，最终浓缩为只剩下几十页的一个短中篇。

任何人都不能轻视文字表达的魔力。

在当代社会中，追求成功与卓越，文字表达就是不能缺少的翅膀。

萨拉马戈、海明威：文以载道

卢瑟福：卑以自牧

    欧内斯特·卢瑟福（1871—1937），新西兰著名物理学家。卢瑟福在放射性半衰期概念的提出、原子结构的行星模型的提出、人工核反应的实现等方面，成就巨大，影响深远。1908 年，卢瑟福因为"对元素蜕变以及放射化学的研究"，作为物理学家的他荣获诺贝尔化学奖。

    卢瑟福的谦让之风，成就他一生的美德与功业。中国传统文化中，"谦"与"诚"一样，都是固有的基因，"满招损，谦受益"的告诫，《周易·谦卦》"君子以裒多益寡，称物平施"的卦象设计，都是"谦"的源头，而且，"谦谦"之风，一直流被至今。

以"让"为美，也是为人之基，甚至可以说，礼让、谦让，是人性中最柔软的成分之一。可人世喧嚣，争夺总是多于谦让，行事时斤斤计较而因小失大的遗憾，总会闪现在人世的大小角落，抹之不去。

我们的先贤在留给后人的著作中，随处都有提醒我们礼让为人的警语。

《尚书》中说："满招损，谦受益。"老祖宗的这句话，几乎伴随着每个中国人的成长，谦让受益，是最直白的人生道理。

老子说："圣人为而不恃，功成而不处，其不欲见贤。"其实，老子的无为思想，不仅是对圣人的"功成而不处"的提醒，更是对芸芸众生的言说，告诉他们逢人遇事，都谦让一些。

从这个方面理解老子的无为之说，似乎更切世情一些。

《周易》在六十四卦中，专设"谦卦"，更说明古人对"谦让"的重视。

《周易·谦》的卦词说："谦，亨，君子有终。"君子如若谦让，自会通达，有好的结果，这是易明之理。

"谦卦"的初六爻的《小象》说："谦谦君子，卑以自牧也。"这句告诫之语中富含的哲理，能让人一辈子受益。

又如吴兢所著《贞观政要》，其"谦让第十九"载：

贞观二年，太宗谓侍臣曰："人言作天子则得自尊崇，无所畏惧，朕则以为正合自守谦恭，常怀畏惧。昔舜诫禹曰：'汝惟不矜，

卢瑟福：卑以自牧

天下莫与汝争能；汝惟不伐，天下莫与汝争功。'又《易》曰：'人道恶盈而好谦。'凡为天子，若惟自尊崇，不守谦恭者，在身倘有不是之事，谁肯犯颜谏奏？朕每思出一言，行一事，必上畏皇天，下惧群臣。天高听卑，何得不畏？群公卿士，皆见瞻仰，何得不惧？以此思之，但知常谦常惧，犹恐不称天心及百姓意也。"魏徵曰："古人云：'靡不有初，鲜克有终。'愿陛下守此常谦常惧之道，日慎一日，则宗社永固，无倾覆矣。唐、虞所以太平，实用此法。"

唐太宗之语，魏徵之应和，都说明了谦让在为国理政中的重要作用。

大思想家王阳明曾说："人生大病，只是一'傲'字。"自傲自大，不会在"让"字头上下功夫，王阳明语虽简单，但含义匪浅。

诺贝尔获奖者中，能"谦而自牧"的人，也不少见，欧内斯特·卢瑟福就是。

欧内斯特·卢瑟福是物理学家，获得的却是诺贝尔化学奖，这一点连他自己都觉得很有意思。由于研究放射性物质及对原子科学的贡献，英国物理学家欧内斯特·卢瑟福获 1908 年诺贝尔化学奖。

1871 年 8 月，卢瑟福出生于新西兰南岛的纳尔逊附近一个苏格兰移民后裔家庭里。卢瑟福的父亲是一位直率而精力充沛的人，改行过几次，先是一个农民，然后开了一个小工厂，最后经营了一家亚麻厂。母亲是小学教师，会弹钢琴。卢瑟福家是个有着 12 个兄弟姐妹的大家庭，全靠父母的辛勤劳作来维持。所以，卢瑟福和他的兄弟姐妹从小就懂生活的艰难，懂得要活下去，就得动手动脑、脚踏实地地去创造，天上不会掉馅饼。春播秋收，都是全家出动，这种集体劳动的方式，让卢瑟福他们知道：全家的每个成员都要分担一些责任，并且要互相谦让，不能什么事情都斤斤计较。卢

卢瑟福：卑以自牧

瑟福一家在劳动中互相帮助，很少发生争吵，劳动成果一起分享，谁也不会独占。

因此，卢瑟福从小就是个淡泊名利、懂得谦让的人，他被科学界誉为"从来没有树立过一个敌人，也从来没有失去过一个朋友"的人。他的这种处世思维很值得学习。

卢瑟福上小学时就对科学实验产生了浓厚的兴趣，而在父亲的影响下，他喜欢动手去做一些有创造性的事情。卢瑟福家里有一个用了多年的钟，经常"罢工"，动不动就停下来不动了，大家都认为这钟没用了，准备扔掉。卢瑟福却把旧钟拆开，清理干净钟内的油泥，重新调整好钟的零件。结果钟不仅修好了，而且还走得很准。卢瑟福还有动手制作照相机的经历。他买来几个透镜，七拼八凑居然制成了一台照相机。他自己拍摄自己冲洗，成了一个小摄影迷。

由于成绩优秀，卢瑟福多次获得奖学金，别人戏称他是个靠奖学金上学的人。1894 年从坎特布雷学院毕业时，以该校空前的数学和物理双第一名的成绩获硕士学位。1895 年进入英国的剑桥大学卡文迪许实验室学习，刚开始时，以研究无线电为主。卢瑟福凭着自己的智慧，用自己的发射器和检波器实现了 3.2km 的收发距离。后来，意大利人马可尼对卢瑟福的检波器进行改进，取得了一系列研究成果。但卢瑟福不计较个人名利，没有与马可尼争夺无线电发明的优先权，而且还在 1932 年马可尼获诺贝尔奖时赞扬了马可尼的功绩。这种胸怀和气度，不懂得淡泊名利、没有谦让的品德是做不到的。

卢瑟福是个非常勤奋的人。来到卡文迪实验室后，他开始从事完全陌生的放射学研究。由于缺少经费，价值 5 英镑的用于放射性研究的新型静电计都被认为太贵了，所以，当时的卡文迪什实验室形成了自制仪器的传统，大多数仪器都是自制的，有的甚至还是木制品。卢瑟福完全靠自己进行研究：没有仪器，自己创造，没有经费，因陋就简，自己想办法。

卢瑟福的淡泊与谦让，还表现在他对学生的培养上。在卢瑟福的培养和指导下，他的学生和助手中有11位获得诺贝尔奖，这可创下了个人培养诺贝尔奖科学家人数最多的"世界纪录"。卢瑟福淡泊个人名利，将知识和经验毫无保留地传授给学生，不怕学生超过自己，鼓励学生成功成名。

例如，俄罗斯物理学家、1978年诺贝尔物理奖获得者卡皮查，是个能干而很有思想的年轻人，曾在卢瑟福的领导下工作了14年。卢瑟福很喜欢这个年轻人，两人情同父子。1934年秋，卡皮查回国探亲时被苏联政府留在国内，不许他再回英国。没有实验室，卡皮查的才能就发挥不出来，一连3年，卡皮查无事可做。卢瑟福决心帮助卡皮查，他利用自己的威望说服了苏、英两国政府，把蒙德实验室的全部设备和仪器从英国搬到莫斯科，并派一名得力助手帮助卡皮查安装。卢瑟福就是这样无私地帮助别人的。

卢瑟福又是严师，对学生的批评中肯而又毫不留情。有一天深夜，卢瑟福看到实验室里还亮着灯。推门进去一看，有个学生正在那里忙着，便问道："这么晚了，你还在干什么？"学生回答说："我在工作。"当他得知学生从早到晚都在工作时，很不满意地反问："你整天都在工作，那用什么时间去思考问题呢？"

淡泊与谦让是一种心态，一种不过分计较个人得失的境界。生活中那些斤斤计较、睚眦必报的人，有几个最终能成大器？有了淡泊与谦让，做事做人就有了大将风度，离成功也不会太远。

范特霍夫、白川英树：格物方可致真知

　　范特霍夫（1852—1911），荷兰化学家，在化学反应速度、化学平衡和渗透压方面都取得了丰硕的研究成果。1901 年，由于在化学动力学和化学热力学研究上的卓越贡献，第一届诺贝尔化学奖授予范特霍夫。

　　范特霍夫、白川英树都是借助实验的方法而在自然科学领域里取得成功的科学家。对实验的重视，也是中国传统文化中不可忽视的因子，是中国传统科学精神的有机组成部分，神农尝百草、炼丹术以及各种推动社会进步的古代发明，包括四大发明，哪一项都离不开实验这一工具。

用实验的方法来了解世界，这应该是人对世界进行解读的最基本、最有效的方法。

华夏民族，也是实验传统厚重的民族，但至我们这个时代，实验精神似乎未见有长足发展，这在我们的教育实践、科学研究中，都有所体现。有一种论点就是，我们的科学研究出不了诺贝尔获奖者，就是我们在实验这个方面，与他人相差太大！中国古代四大发明所积淀的实验智慧，似乎真是在我们的时代里没有呼应。

时下，国学复兴的大潮中，我们似乎又在遗忘实验精神与自然科学的传统。我们复兴国学，复兴传统文化，更多的是复兴我们传统中的德性知识，而对智性知识，即自然科学，包括其中的实验精神，所涉甚少。像"百家讲坛"这样的国学传播平台，有哪一期会讲《九章算术》《史记·天官书》等内容？我们注重的是迎合大众的故事，但看不到传统文化里面所蕴含的丰富自然科学因子，包括实验精神。

我们应该重拾我们的实验精神，学会用实验的思维去解决问题，这也是在现时代获得成功的有效方法。

神农尝百草的故事，人尽皆知，但能从这个故事中体会到先祖寄寓其中的对实验极为重视的寓意者，并不多见。《淮南子·修务训》载：

古者，民茹草饮水，采树木之实，食蠃蚌之肉，时多疾病毒伤之害，于是神农乃始教民播种五谷，相土地宜，燥湿肥墝高下，尝百草之滋味，水泉之甘苦，令民知所辟就。当此之时，一日而遇七十毒。

神农是用实验的方法来解决民生问题的，我们的实验传统，最少也可以追溯到神农的世代。

《庄子·徐无鬼》中，提到一个鲁遽试律的故事："于是乎为之调瑟，废一于堂，废一于室，鼓宫宫动，鼓角角动，音律同矣！"北宋的沈括便有"纸人共振"实验来验证之，在《梦溪笔谈》中，他指出："欲知其应者，先调诸弦令声和，乃剪纸人加弦上，鼓其应弦，则纸人跃，他弦即不动。"这估计是最早的"共振"实验记载。

张衡、僧一行、徐霞客等，都是实验精力充沛者，他们都是以实验来达到某一认知目的。

虽然，科学研究与实验是孪生兄弟，但在不同的成功者身上，实验精神还是体现得不一样。范特霍夫与白川英树就可资说明。

1901 年，第一届诺贝尔化学奖授予荷兰化学家范特霍夫。

成功的范特霍夫身上，自然有许多成功的启示。范特霍夫痴迷化学实验，一生大部分时光都在实验室里度过。可以说，化学实验是他开启成功大门的金钥匙！

1852 年 8 月 30 日，范特霍夫出生于荷兰的鹿特丹市，父亲是当地的名医。

上中学时，范特霍夫深深地被做实验"诱惑"着。看到实验室中做的各种变幻无穷的化学实验，他的探索欲望被极大地激发了。他不停地琢磨，不停地思考，是什么让这种变幻不定的奇妙组合产生呢？要是自己能弄清这背后的原因该多有意思啊，他想捉住的，正是这种隐藏在黑暗背后的奥秘，而这就是一个伟大的科学家所必备的潜质。

看着别人做实验，太不过瘾了，范特霍夫要的是亲自动手去操作这些实验。亲自动手做化学实验，成了范特霍夫做梦都想得到的事情。

一天，范特霍夫从化学实验室的窗户前走过，忍不住悄悄往里面看了一眼，好家伙，那整整齐齐排列的实验器皿、一瓶瓶化学试剂多么诱人啊。这些器材无异于整装列队的士兵，正等待着"总指挥"范特霍夫的检阅。

他的双脚不由自主地停了下来，并且在心里自己对自己拼命大喊："没有人看见，进去做个实验吧！""进去做个实验"的声音如深谷中的回声，不是越来越弱，而是越来越响地在范特霍夫脑海里回荡。这种回声让他忘掉了学校的禁令，忘掉了犯禁后的严厉惩罚，他只想着一件事：进去做个实验。

上帝也想帮助范特霍夫：实验室正好有一扇窗子开着，大概是做实验时为了通风而打开的吧。小范特霍夫犹豫了片刻，纵身跳上窗台，钻到实验室里去了。看着那些仪器就摆在自己面前，他的每一根神经都兴奋起来。支起铁架台，把玻璃器皿架在铁架上，寻找试剂，范特霍夫像一位在实验室里待了多年的老教授，对一切都很熟悉。他全神贯注地看着那些药品所引起的反应，一切都在顺利地进行着，发自内心的喜悦使他的脸上露出了笑容。"我成功了，成功了！"他默默地说道。

范特霍夫正专心致志地做实验时，管理实验室的老师进来了，他被当场抓住。根据校规，他要受到严厉的处分。幸好，这位老师知道范特霍夫平时是一个勤奋好学又尊重老师的学生，没有向校长报告这件事。同时，老师心里更清楚：是什么原因驱使这样一个好学生去违反校规呢？显然，是对化学实验的浓厚的兴趣！范特霍夫因为自己的兴趣而换来了老师的一次"包庇"。

这扇窗，应该是上帝为范特霍夫打开的，一个天才的化学家从这扇窗里诞生了。

范特霍夫将对化学实验的狂热保留了一辈子。有这样一件事，最能证明他的实验热情。

德国柏林郊区的斯提立兹大街上，深冬的清晨，一辆马车急驶而过。寒风阵阵吹来，刺得人面颊生痛；拉车的马喘着粗气，团团白雾从马鼻孔里喷出。赶马车的人五十来岁，多年来，他一直为这一带的居民送鲜牛奶，无论春夏秋冬，无论刮风下雪，都准时不误。人们早已熟悉了这位送奶人，他再平凡不过了，和其他牧场经营者一样，他养了许多牛，把牛奶送给居民喝。

碰巧的是，这条大街上居住着德国著名女画家芙丽莎·班诺，她却知道这位送奶人不一般！好几个早晨，她都等在客厅里，只要听见送奶马车的声音，就急忙打开房门，请送奶人进家里坐一小会儿，但是送奶人总是以不能耽误送奶时间而加以拒绝。

班诺识破了送奶人的脱身之计！又是一天清晨，她一听见马蹄声便冲了出去，上前一把拉住送奶人的衣袖，她再也不想"上当"了，一定要为送奶人画一张素描像。送奶人仍然婉言谢绝，班诺大声说："您不要再'骗'我了，我知道您是个实验迷，一送完奶就一头钻进化学实验室，谁也甭想把您拉出来。这次您一定得让我画一张像。亲爱的教授，请把您宝贵的时间分给我几分钟吧。"

送奶人？教授？范特霍夫？读者这时都明白了，但有一点怎么也不会想到，第二天一早，当人们打开报纸的时候，一行引人注目的标题映入眼帘："范特霍夫荣获首届诺贝尔化学奖！"并以整个版面刊登了女画家画的素描像。

就这样，人们认识了范特霍夫，送鲜奶的范特霍夫和化学家范特霍夫在人们心中合二为一，人们亲切地称范特霍夫为"牧场化学家"。

范特霍夫心里惦记着的，永远是他的实验！

范特霍夫、白川英树：格物方可致真知

白川英树（1936—　），日本化学家。因为其在导电高分子方面的研究而获 2000 年诺贝尔化学奖。

而日本的白川英树，则善于从失败的实验中看到成功，这使他能获诺贝尔奖。

1970 年，日本东京某个研究所的实验室里，研究人员正在用乙炔制造多炔聚合物。

糟糕，因为粗心，一位研究员在向乙炔中加入催化剂时，看错了小数点，向乙炔中加入了比规定量多 100 倍的催化剂！

结果，得到的不是多炔聚合物，而是一种带金属光泽的银白色薄膜。

实验室主任白川英树为了提醒大家在以后的实验中要细心，就把这块薄膜陈列在实验室里。

后来，美国一位名叫艾伦·黑格的教授来实验室参观时，恰好看到了那块薄膜，就问白川英树："你们的实验室是研究塑料的，怎么会陈列金属材料呢？"

白川英树连忙说："对不起，教授，这是块报废的聚合物，并不是金属。"

"噢，原来是这样！它的外表很像金属，是否具有金属的性质呢？白川英树先生，你有兴趣带它到我的实验室去，我们一起来研究这个问题吗？"艾伦·黑格教授说。

艾伦·黑格教授的话一下提醒了白川英树，他很快就答应了艾伦·黑格的邀请。1977 年，他与艾伦·黑格在研究中发现，在这种银白色多炔聚合物中掺入少量的碘后，其性能会发生根本的变化——原来不导电的塑料，竟然会变得和导电金属一样，具有优异的导电性能！

绝缘的塑料也能导电了，这一发现震动了化学界！

这种新材料的出现给电子工业等领域带来了革命性的变化。如推动世界 IT 产业的发展，未来高分子聚合体电池可应用于电动汽车，高分子电线会深入每家每户，制造飞机、机器人等高精设备的关键材料也离不开它！

由于这一突破性的发现，2000 年的诺贝尔化学奖授予白川英树、黑格及马克迪尔米德三位教授，以表彰他们为成功开发导电性高分子材料所作的开创性贡献。

1936 年 8 月，白川英树出生于日本东京。少年的白川英树也是一个脑子里"长满"了奇怪想法的孩子。上小学时，白川英树常常到积雪的山里去玩，回家时，长筒靴里的雪融化了，雪水湿透袜子，脚冻得刺骨般地痛，小白川英树就会想："如果我不是步行，而是以光的速度回家那就好了，一眨眼工夫就可以把腿伸进热乎乎的被炉里取暖了。"

不过，白川英树琢磨得更多的倒是如何最大限度克服事物的缺点，发挥事物的优点，以使事物变得对人类更加有利。上高中时，他在自己的作文中写道："如果高中毕业能考上大学，我想研究化学和物理。其中包括研究现在已经有的塑料，去掉它们的缺点并发明出各种各样的新塑料。虽然现在有尼龙袜子、乙烯树脂的包袱皮等塑料用品，但是包热饭盒时包袱皮伸长后就不能恢复原形。耐热性能非常弱，这是它的一个缺点。如果能去掉这些缺点，并能生产出各种各样价格低廉的日常用品，消费者将会多么高兴。以上这些是我未来的理想。"

白川英树说自己从来就不是聪明的学生，从幼儿园到大学，他一直都在努力学习，但从来都没得过第一名，大家都认为他不过

范特霍夫、白川英树：格物方可致真知

就是一个普通的学生。但白川英树有自己的"成长"方法，他说："找出别人没做的事有独创性地去做尤为重要。不仅是学习化学，也包括学习其他科学、艺术，发挥独创性、善于观察，实事求是地观察都是重要的基础。"白川英树一生中最有独创性的地方，就是他始终如一仔细地观察、记录着千姿百态的化学变化，然后将物质特性中的缺点消灭掉，留下优点，或者是加进优点。

退休后的白川英树，主要致力于这样一项工作：为日本5年级以上的青少年担任实验化学老师。白川英树觉得："现在日本社会中很多青少年都失去了对科学的兴趣，尤其是对理工类学科的兴趣。这种倾向促使我接下了这个能够与青少年面对面的工作。我希望能通过我的工作向他们普及科普知识，使得他们从小就树立起对科学的求知欲，最终提高整个国民的科学意识。"

从范特霍夫、白川英树身上，我们似乎更能反思我们的实验精神的萎缩问题。

范特霍夫、白川英树：格物方可致真知

米歇尔、谢林顿：三思而后选

哈特姆特·米歇尔（1948— ），德国生物化学家。1988 年，米歇尔确定了光合作用反应中心复合体的立体结构，成为该年度的诺贝尔化学奖得主。

米歇尔、谢林顿的成功，源于他们在人生的关键时候作出了正确的选择。人的一生都在做选择题，中国的传统文化，教人学会做出正确选择的范例俯拾皆是，那些成就百代功业圣贤，如王安石、欧阳修等人，都是选择了正确的方向后，努力不懈地去追求。

人生是一场处处充满选择的旅程，虽非步步惊心，但选择不当，亦可能让成功的人生归于一败涂地。

比如说，交友处友。

孔子说："三人行，必有我师焉。择其善者而从之，其不善者而改之。"孔子此处是想表达两层选择的意思，其一是人必定会面临选择；其二，择师处友，必择善者，择善者而师，善莫大焉。因此，唐代诗人贾岛《送沈秀才下第东归》诗说："君子忌苟合，择交如求师。"

又比如，义、利之择。

孔子说："君子喻于义，小人喻于利。"

选择做小人还是君子，其实就是在义、利之中作出取舍。

所以，孟子又留下一千古名言：

鱼，我所欲也，熊掌，亦我所欲也；二者不可得兼，舍鱼而取熊掌者也。生，亦我所欲也，义，亦我所欲也；二者不可得兼，舍生而取义者也。

有一种选择，非有切肤之痛的经历，以及断指戒赌的决心、刮骨疗毒般坚忍，不能作出，那就是浪子选择回头路。

《新唐书·陈子昂传》载："子昂十八未知书，以富家子，尚气决，弋博自如。它日入乡校，感悔，即痛修饬。"陈子昂就是那个写下"前不见古人，后不见来者。念天地之悠悠，独怆然而涕下"

的歌者，谁曾想，陈子昂的青少年生活，也是富二代式的奢华，少不更事，浪费了大把青春。后来才幡然悔悟，"痛修饬"，才在历史上留下诗名。

又如唐代诗人韦应物。韦氏之诗作，可比陶渊明、谢朓，如其《寄全椒山中道士》诗："今朝郡斋冷，忽念山中客。涧底束荆薪，归来煮白石。欲持一瓢酒，远慰风雨夕。落叶满空山，何处寻行迹。"诗风清丽淡雅的韦应物，也有浪子式的青年生活，其《逢杨开府》诗，就曾详细描述，"少事武皇帝，无赖恃恩私。身作里中横，家藏亡命儿。朝持樗蒲局，暮窃东邻姬。司隶不敢捕，立在白玉墀。骊山风雪夜，长杨羽猎时。一字都不识，饮酒肆顽痴。"这就是一个仗势欺人、无恶不作的恶少，最后猛回头，"把笔学题诗"，终成诗名斐然的一代名家。

诺贝尔获奖者中，善做选择题，知道回头是岸的人，也不少。

德国科学家哈特姆特·米歇尔是个善于选择人生的人。

米歇尔 1988 年获诺贝尔化学奖时，只有 40 岁，因而他也跻身于诺贝尔奖历史上最年轻的获奖者之列。米歇尔因为在结构生物学研究方面的创造性工作，特别是在细胞的结构、功能和运作机能研究方面作出的重要贡献，和另外两位科学家一起分享当年的诺贝尔化学奖。

米歇尔是农家孩子，出生于德国一个贫苦的农民之家，这个家中的小块土地甚至不足以维持一家人的生活。这个家庭唯一能做到的，就是执着地支持他求学。因此，米歇尔很小就知道："我必须自己选择自己要走的路，别人不能给我出主意。"米歇尔教授曾这样描述童年："我小时候喜欢在外面玩，经常不回家，整日在田间地头闲逛，我那时非常调皮，还是当地的孩子头，有时经常被看地的人和建筑工头追来追去。尽管如此，我小学的学习成绩却非常突出，开始家里人本不打算让我继续读书，但在我母亲的据理力争下，我终于上了中学。"

当时，米歇尔做了一个很宽泛的选择：他告诉自己，无论怎样，必须多读书，设法获取更多的知识——选择读书和选择知识，成为这个懵懂少年最纯美的愿望！而少年时期的米歇尔正好又遇到了这样一个机会，他曾在一家流动图书馆打工很长一段时间，这正好为他提供了博览群书的好机会。正是在阅读大量书籍的过程中，他对知识的兴趣不断被激发出来。

米歇尔在不同的场合都会提到，他是在很偶然的情况下选择学习化学的。那时，调皮的米歇尔还有点年轻气盛的味道，为了证明教科书上一个结论是错误的，他下决心一定要弄清楚是书上错了，还是自己错了。"其实很简单。生物化学课本中有一个定理被认为是不可能成立的，而我认为它是可能成立的，最终证明它能成立。"所以，米歇尔总以自己为例告诫年轻人，做什么事情，如果有很多个选择项，你就得自己做选择题，选择你认为是正确的选择项。"对年轻人最好的忠告是不给他们任何忠告，让他们去做自己愿意做的事情。"

米歇尔教学生，也是让他们自己做选择。米歇尔说，他可以给学生布置任务和课题，如果学生按照他们自己的方法完成，他会更高兴。米歇尔不愿给学生以束缚，他希望他们能独立思考，进而选择自己想要到东西。

米歇曾应邀到中国讲学、访问。有一次他在同济大学演讲，一上台就这样表明："我是来介绍情况的，不是来给你们提建议的。我自己就曾是一个不愿接受别人建议的学生。"米歇尔告诉中国的年轻学子："当你们的实验结果与预想中的不一样时，你应该为此而高兴，因为它让你发现了自己的错误，从而将研究继续推进，这种看起来令人沮丧的情形对你更富有意义。"错误能让你在这个时候急刹车，从而选择其他的方向，错误就成了你做选择时最有意义的参考标准了。

米歇曾接受专访，当主持人问到他获奖时正在做什么，当时的心情是什么样时，米歇尔的回答颇与众不同："我记得，当我得知我获得诺贝尔奖的时候，正在美国的耶鲁大学参加一个学术会议。当时我正在会间休息，有一个女士递给我一张纸条并且告诉我，路透社收到了消息，我获得了诺贝尔奖。这并不是一件值得我高兴的事情，因为这个奖项会改变我的生活，我自己可以掌握的时间越来越少，我的举动越来越不像是我自己。"

可以这么来理解米歇尔的"不高兴"，那就是因为越来越多的外界因素介入他的生活中，从而干扰了他选择的事业，这种不客气的干扰，当然让这个"不愿接受别人建议的学生"不高兴了。

米歇尔、谢林顿：三思而后选

　　谢林顿（1857—1952），英国神经生理学家。谢林顿在神经生理学领域有精深的研究，他的《神经系统的综合活动》，介绍了神经元、突触、神经系统的综合性活动等概念，是这个领域里无人超越的经典之作。由于他在神经细胞方面的研究，谢林顿与埃德加·D.艾德里安共同获得了1932年的诺贝尔生理学或医学奖。

查尔斯·谢林顿和 H. 施佩曼，青少年时是浪子式的人物，最后受到某种启发，猛回头后走向诺贝尔领奖台。

英国生理学家谢林顿 1932 年获诺贝尔生理学或医学奖。

谢林顿出生在英国的贫民窟里，而且不久便成了孤儿。如果不是一位牧师将其送到教堂里养起来，他差点被冻死。

谢林顿的童年是灰色的，他染上许多恶习：打架、抢劫、偷窃，无所不为。人们都认为这样的"问题少年"不是"好种"，教堂周围的人都相互告诫，对他这种街头恶少，最好不要搭理。

看惯、受惯别人鄙视的谢林顿，当时也不在乎别人怎么看他了，而且破罐子破摔，折腾得更厉害了。后来，连牛奶棚里对他非常好的善良的挤奶女工，也觉得他无药可救，而不愿意再理他了。不过，谢林顿没有看出来，还天真地向那位挤奶女工求婚。善良的女工这样回答谢林顿："我宁愿跳到泰晤士河里淹死，也不能嫁给你！"可见，当时人们对谢林顿多么失望！

善良女工的话，敲醒了懵懂无知的谢林顿，他开始反思自己的所作所为了。在教堂牧师的帮助下，他悄悄离开了伦敦。谢林顿觉得，读书是最能改变自己的办法，多少人通过读书改变了自己，成为对社会有用的人，我怎么不向他们学习、看齐呢？他隐姓埋名，发愤读书，后来上了剑桥大学，攻读和研究中枢神经系统生理学。

几十年过去后，谢林顿成了英国首屈一指的生理学家。他详细研究了姿势和行走的反射基础，给中枢神经系统的整合功能作了具体生动的描绘。他的《神经系统的整合作用》一书，是一部经典的

米歇尔、谢林顿：三思而后选

293

生理学著作。

1935 年获诺贝尔生理学或医学奖的 H. 施佩曼博士，也是一个回头浪子。青少年时期，施佩曼很讨厌上学，高中刚一毕业，他就弃学从军了。

不过，退役后，施佩曼的想法变了。据说，他读完一位人物的传记后，深受启发，觉得自己非读书不行。有了这样的动力，上学就有干劲了。他重返大学课堂，从事两栖动物胚胎学的研究。浪子回头，对读书的目标、体会往往与长期待在学校的学生不一样，他们可能会更加珍惜读书的机会，因而也更能够读好书。

施佩曼读书非常用功，最终获得了博士学位。他设计了一套非常精细的实验方案，用来描述胚胎在早期发育过程中卵细胞不发生分化的现象。后来，他又设计了著名的蝾螈卵结扎实验。在实验过程中，他发现胚胎的背部是一个"组织中心"。影响细胞命运的最大因素不是细胞本身，而正是这个"组织中心"。这一学说使控制胚胎发育和改良动物品种成为可能。正是因为"组织中心"的发现，他荣获 1935 年诺贝尔生理学或医学奖。

在一生中，我们会走到很多岔路口，这时，你要做的事情就是不得不作出选择。学会做选择题，是一种非常重要的能力。如果你有扎实的基本功，博识而且有胆量，做好这些选择题并不难。

当然，浪子选择回头，是需要付出巨大努力的。

聂鲁达、泰戈尔：童心未失两圣贤

巴勃鲁·聂鲁达（1904—1973），智利著名诗人，其作品，如《二十首情诗和一支绝望的歌》《大地上的居所》《漫歌》，都是精绝之作。1971年，"因为他的诗歌具有自然力般的作用，复苏了一个大陆的命运和梦想"，该年度的诺贝尔文学奖授予聂鲁达。

聂鲁达、泰戈尔都是童心不泯之人，内心的纯净让他们能走向成功。中国传统中的先贤，如苏轼、李贽这样的人，都是童心不泯者，都是保有着赤子的天真烂漫而享受成功人生的。

当物欲滔天、人欲难填的时候，当人被俗世欲念折磨得精疲力竭的时候，人总会本能地想到，若有一颗童心，简单处世，人何至于如此负累不堪！

儿童的童心与童真带给我们的那份快乐，真是无可比拟，诗家屡屡描述之。

白居易《池上》上诗："小娃撑小艇，偷采白莲回。不解藏踪迹，浮萍一道开。"这样一幅风景，这样一种天趣，难道不令我们无限留恋？

唐代诗人胡令能的《小儿垂钓》："蓬头稚子学垂纶，侧坐莓苔草映身。路人借问遥招手，怕得鱼惊不应人。"一个初学钓鱼的毛头小子，形神毕俏地呈现在我们的视野里。

辛弃疾《清平乐·村居》：

茅檐低小，溪上青青草。醉里吴音相媚好，白发谁家翁媪。

大儿锄豆溪东，中儿正织鸡笼。最喜小儿无赖，溪头卧剥莲蓬。

稼轩之短句，虽读诵千遍，仍觉清新喜人，怡人心胸。

保有童心，内心简单，我们的传统处世思维中，屡有论及。

老子说："常德不离，复归于婴儿。"不离人之本初，最好的办法就是归于童真状态。

孟子在《孟子·离娄章句下》中说："大人者，不失其赤子之心者也。"朱熹对此语解释为:"大人之心,通达万变;赤子之心,则纯一无伪而已。然大人之所以为大人,正以其不为物诱,而有以全其纯一无伪之本然。是以扩而充之,则无所不知,无所不能,而极其大也。"其实,大人,亦不必理解为所谓的德性高尚者,就理解为成人亦未尝有乖孟子本意,真正意义上的成人,是没有丧失赤子之心的人,因为这种人"纯一无伪",这似乎又可以理解为,童心成为成人世界中的一种价值尺度。

清代大学者焦循说:"诚意莫如赤子。而赤子非能格物以致其知者也,可以见人性之善。而吾人之学,必先于格物以致其知者何也?概以意诚诚矣,意之诚诚如赤子之无妄矣,而卒不得谓之为明明德者也。明明德者,无所不知之诚;赤子之诚,一无所知之诚也。"

赤子的童真,带给我们的成人世界的启示,正是他们内心的澄明干净。

诺贝尔获奖者中,保有一颗赤子童心者,亦有人在。

智利诗人聂鲁达即如此。

1971 年,聂鲁达获诺贝尔文学奖。聂鲁达是继 1945 年米斯特拉尔之后获奖的第二位智利作家。智利这个人口不多、面积不大的国家,却为世界培养了两位诺贝尔文学奖得主,这是耐人寻味的。

聂鲁达 10 岁开始写诗,13 岁的时候就在报纸上发表文章,16 岁时他在特穆哥城的赛诗会上获得头奖,被选为该城学生文学协会的主席。聂鲁达一辈子与诗为伴,他最有名的著作是《漫歌集》。瑞典文学院在颁奖词中说《漫歌集》:"这部蕴含着一个正在觉醒的大地特有的充沛生命力的作品,充满了力量和尊严,有如大河,愈近河口与海洋,愈为壮观"。在这部浑厚有力的杰作中,诗人将个人的命运和情感,与整个美洲大陆辉煌的历史和悲惨的命运紧紧地连在一起。所以，瑞典文学院"由于他那具有自然力般的诗，复苏了一个大陆的梦幻与命运"，而将诺贝尔文学奖授予聂鲁达。

聂鲁达 1904 年 7 月出生在智利一个铁路职工家庭，他出生后一个月，母亲就被肺结核夺去了生命。由于父亲是火车机车司机，长年奔走于铁路线上，失去母爱的聂鲁达只有与智利郁郁葱葱的森林为伴，在森林中度过自己的童年。聂鲁达对智利森林有着深厚的感情，他曾这样在自传中描写森林中的动植物："我的双脚陷入枯叶中；一根松脆的树枝发出碎裂声；巨大的山毛榉树高高挺起它那向上怒张的身躯；穿过寒林飞来的一只鸟儿，扑打着翅膀，栖息在阴暗处的枝丫上。""我在一块石头上绊了一下，揭开一个隐蔽的洞穴，一只浑身红毛的大蜘蛛死死盯着我，一动不动，大得像只螃蟹……一只金色步行虫把臭烘烘的气息向我喷来，同时它那彩虹般灿烂的身影，像一道闪光似地消逝。"智利的大森林，像一位慈爱的母亲，收下了聂鲁达这个孤独的孩子，让他找回了童年的乐趣。

虽然聂鲁达做过流浪汉，当过外交官，参加过西班牙保卫战，流亡国外，当过参议员，竞选过总统，见过毛泽东、卡斯特罗、斯大林……但这位传奇一生的诗人一辈子都保持着童心童真。

聂鲁达和著名文学家帕斯既是好朋友，又是死对头。聂鲁达和帕斯非常喜欢争论，有时候，聂鲁达在争论中输给了帕斯，他的孩子脾气就会上来，很长一段时间绝不和帕斯同桌吃饭。帕斯还说过，聂鲁达在友情方面爱嫉妒，别人将他众星捧月般宠着，他就会很开心。聂鲁达有时候还小心眼，爱记仇。这些孩子具有的鲜明特征，在传奇人物聂鲁达身上存留了一辈子，不能不说是件有趣的事。

聂鲁达喜欢看侦探小说，喜欢看喜剧电影，在谈论文学时，他说很不喜欢小说中的典型英雄和那些身无瑕疵的人，反倒偏爱有点疯疯癫癫的人或无可救药的罪犯。疯疯癫癫的人物可以带给聂鲁达笑声，而那些无可救药的犯罪一个个都是调皮到了极点的人，是恶作剧大王兼破坏大王，这样的主儿不正好对了聂鲁达童心不泯的胃口吗？

这位大诗人还有小孩子的占有欲，恨不得把他喜欢的东西都搬回家。聂鲁达有收藏癖，收藏作家手稿、各种罕见文学作品的珍贵版本、葡萄酒等，凡是他看到的新奇东西，他都想把它们买下来运到黑岛的家里。聂鲁达特别喜欢建房屋，他有很多个家，所有的家都是自己设计图纸，每个家都别具一格。

聂鲁达非常喜欢大海，他还有一个孩子般的爱好，就是毕生喜欢收集海螺。他曾说过："我平生所收集的最精美的东西，实际上是我的海螺。海螺的奇妙结构——月光般皎洁的妙不可言的细瓷，加上多姿多彩的有厚实质感的、哥特式的、实用的外壳——使我心旷神怡。"聂鲁达收集到的海螺超过 15000 个，有南极的海螺、古巴的杂色螺、加勒比海的彩绘海螺、加利福尼亚的彩线榧螺、中国的宽肩螺……这些美丽的海螺一部分捐赠给了智利大学，一部分至今还保存在他圣地亚哥的故居里。

聂鲁达说："不玩的孩子不是孩子，不玩的大人就永远失去了活在他心中的童心。"聂鲁达是个永远长不大的孩子，除了读书写诗以外，最大兴趣就是玩他的玩具，他常常会戴着各种各样的面具跳舞呢！

对一个作家来说，童心不泯，首先能让人最宝贵的想象力永不消失，人永远都是一个天马行空的精灵，那些富有创造性的想法时不时就会跃入思维中，助人成功。

　　拉宾德拉纳特·泰戈尔（1861—1941），印度著名诗人。其代表作《吉檀迦利》《飞鸟集》《眼中沙》《四个人》《家庭与世界》《园丁集》《新月集》《最后的诗篇》《戈拉》等，为世人所熟知。1913 年，"由于他那至为敏锐、清新与优美的诗，这诗出之于高超的技巧，并由于他自己用英文表达出来，使他那充满诗意的思想业已成为西方文学的一部分，"而成为第一位获得诺贝尔文学奖的亚洲人。

罗宾德拉纳特·泰戈尔的童心，则又是另外一番气象。

泰戈尔是第一个获诺贝尔文学奖的东方人。

但是，人们对泰戈尔获奖的一致评价是："不是因为获奖而伟大，而是因为伟大而获奖。"泰戈尔以一颗天真赤诚的诗心，为"卑微生命与渺小痛苦"而歌，同情弱者，憎恨黑暗，所以，他被人们誉为"诗圣""印度的灵魂"等。

1861 年 5 月，泰戈尔降生在加尔各答市中心的一个传统而又开明的诗书之家。泰戈尔是父母的第十四个孩子，第八个儿子，也是他们最小的儿子。由于是父母最小的儿子，家人都亲切地称他为"罗宾"，罗宾成了整个家庭都钟爱的孩子，但大家从不溺爱他。

出身书香门第，泰戈尔很小就接触到了文学，尤其是印度的民间文学。他读到最初的诗句是一首印度儿歌中的句子：

雨儿滴答
叶儿飒飒

这两句诗让泰戈尔感受到了诗歌的神奇力量。他后来回忆说："读到这两句诗，心里的愉悦之情难以言表。那一天在我的记忆中留下了深刻的印象：雨儿一直在滴答滴答下着，叶儿一直簌簌地摇着。"

泰戈尔从此喜欢上了诗歌，8 岁的时候，他写下了自己的第一首诗。上学后，由于当时印度的学校教育很枯燥，写诗成了泰戈尔在枯燥的学习之余最大的乐趣。草稿本上写满了歪歪斜斜、粗粗细细的笔画，同学们也争相传看泰戈尔写的诗，而且由于多次传看，草稿本都弄得皱巴巴的，边角都卷了起来。泰戈尔成了小名人，家里、学校里都知道他是个"诗人"。

学校的教务主任是个又矮又胖、长得黑黝黝的老师。他为人严厉，大家都很怕他。一天，教务主任派人叫泰戈尔在课间休息时到他办公室去。泰戈尔吓得哆哆嗦嗦地去了。谁知，泰戈尔还没站稳，教务主任就走上前来，劈头就问："泰戈尔，你在写诗哪？"泰戈尔承认了。教务主任便给了他一个题目，让他写一首关于道德教育的诗。

第二天，泰戈尔把写好的诗交给了教务主任。教务主任从头到尾仔细看了一遍，然后把泰戈尔带到全校年级最高的班里，让他站在全班同学的面前，命令说：

"念吧！"

泰戈尔便高声朗诵了一遍。

不幸的是，这首写得非常不错的诗，不仅没给泰戈尔带来掌声和叫好声，反而让他成了大家嫉妒和猜疑的对象。大家都认为这么好的诗不可能是泰戈尔本人写的，肯定是抄袭之作，还有人发誓说能拿得出被剽窃的原诗来，当然，一直也没看见有人拿出来过。

这些讥讽之词让泰戈尔很伤心，但并没有使他消沉，而是更激励他去写好的诗歌。他如痴如醉地阅读各种诗歌集，几乎将家里与诗歌有关的书都读完了。

勤奋学习使泰戈尔的诗写得越来越好。1873 年，他写了一生中的第一部长诗——《心愿》，刊登在他们家里办的《哲学教育》杂志上。这是泰戈尔诗歌创作中最早见诸铅字的作品。这时他才12 岁。

泰戈尔写诗的过程中，有一次"超级模仿秀"，是件非常有趣的事。

一天中午，浓云密布，泰戈尔在房子里阅读印度古诗。读着读着，他忽然想模仿着写几首。

诗很快就写出来了，泰戈尔感觉很好。忽然，他又想出了一个鬼主意。他找到了一个编辑朋友，对他说："有人在我们家的书库里发现了一本古老的手稿残本，我从上面抄了几首一个名叫婆奴·辛格的古代诗人的诗。"说完，就把自己的那几首仿作给朋友看。

朋友看了，大声叫好，欣喜若狂地说："这简直是我看到的写得最好的古诗。这是一个重大发现，我一定要立即拿去发表出来！"

泰戈尔只是暗暗地觉得好玩，也没有说出这是自己的仿作。有趣的是，这几首署名婆奴·辛格的诗发表后，大家都以为是古代诗人的作品。一个博士在撰写自己的论述印度古代诗歌的论文时还提到了它们。

这是泰戈尔的一个恶作剧，不过，这几首模仿的诗歌作品，确实是写得很有分量。

泰戈尔也将这样的童心保持了一辈子，所以，他的诗性想象，永不枯竭。

赫维奇、埃特尔：学而不已，阖棺而止

　　莱昂尼德·赫维奇（1917—2008），出生于俄罗斯，后加入美国国籍。赫维奇是"机制设计理论"的最早提出者，该理论的重要目标就是要解释何种制度或分配机制能够最大限度地减少经济损失。2007 年，为表彰他们在创建和发展"机制设计理论"方面所作的贡献，诺贝尔经济学奖授予莱昂尼德·赫维奇、埃里克·马斯金和罗杰·迈尔森 3 位经济学家。

　　赫维奇和埃特尔终身学习不倦的精神，值得每一个人学习。在中国的传统中，终身学习的佳例甚多，荀子之"学不可以已"，刘向之"好学三喻"，陶宗仪之"积叶成书"，贤者的终身学习精神值得每一个追求成功的人仿效。

诺贝尔奖与中华传统智慧

终身学习，一生读书，这不仅仅是我们这个时代所提倡的读书风气与学习精神，虽然我们的时代明确提出了"终身学习"的口号。

古人读书，至死方渝，这样的例子史不绝书。

我们当下的学习风气，远逊古人，这从我们的阅读状况就可以看出。相关统计已经多次说明，我国是世界上阅读率最低的国家，而且我们的阅读以教科书等为主，功利化阅读严重。阅读与学习，就如人食五谷杂粮，多方面吸收才能身体健康，偏食一种，必然营养不均，肌体病变。

阅读史，是一个民族的精神成长史，我们如此不容乐观的阅读现状，将直接导致我们民族的精神史在我们的时代是畸变的。

改变我们的阅读与学习态度，我们还得师法先贤，向古人索要智慧。

《荀子》中的名篇"劝学"，位列《荀子》一书之首，起首即言："学不可以已。"将"劝学"列书首，极言荀子对学习的看重，而起首即言"学不可以已"，极言荀子将终身学习看得更重。"劝学"文中重又申述："学恶乎始？恶乎终？曰：其数则始乎诵经，终乎读礼；其义则始乎为士，终乎为圣人，真积力久则入，学至乎没而后止也。"学习，是只有生命结束才可能停止的行为，生命不息，学习不止！

清代韩婴的《韩诗外传》，附会了孔子的一则情事，说的也是"终身学习"的道理：

赫维奇、埃特尔：学而不已，阖棺而止

309

　　孔子燕居，子贡摄齐而前曰："弟子事夫子有年矣，才竭而智罢，振于学问，不能复进，请一休焉。"子曰："赐也，欲焉休乎？"曰："赐欲休于事君。"孔子曰："诗云：'夙夜匪懈，以事一人。'为之若此其不易也，若之何其休也！"曰："赐休于事父。"孔子曰："诗云：'孝子不匮，永锡尔类。'为之若此其不易也，如之何其休也！"曰："赐欲休于事兄弟。"孔子曰："诗云：'妻子好合，如鼓瑟琴。兄弟既翕，和乐且耽。'为之若此其不易也，如之何其休也！"曰："赐欲休于耕田。"孔子曰："诗云：'昼尔于茅，宵尔索绹；亟其乘屋，其始播百谷。'为之若此其不易也，若之何其休也。"子贡曰："君子亦有休乎？"孔子曰："阖棺兮乃止播耳，不知其时之易迁兮，此之谓君子所休也。故学而不已，阖棺乃止。"诗曰："日就月将。"言学者也。

　　子贡想在学习方面"休"，即停止，孔子以《诗经》中的诗语予以规劝，最后立足于"学而不已，阖棺乃止"，学习要"日就月将"，只争朝夕。

　　西汉刘向《说苑·建本》记载了晋平公问学师旷的事情，颇为经典，引录如下：

　　晋平公问于师旷曰："吾年七十，欲学，恐已暮矣。"师旷曰："何不炳烛乎？"平公曰："安有为人臣而戏其君乎？"师旷曰："盲臣安敢戏其君乎？臣闻之，少而好学，如日出之阳；壮而好学，如日中之光；老而好学，如炳烛之明。炳烛之明，孰与昧行乎？"平公曰："善哉！"

　　这便是"好学三喻"这一典故的由来，师旷告诉晋平公，想

赫维奇、埃特尔：学而不已，阖棺而止

学习，什么时候都不晚！人生少、壮、老三阶段，都是学习的好时光。

三国时期的诸葛亮，在临终前告诫儿子诸葛瞻："夫君子之行，静以修身，俭以养德。非澹泊无以明志，非宁静无以致远。夫学须静也，才须学也，非学无以广才，非志无以成学。慆慢则不能励精，险躁则不能冶性。年与时驰，意与日去，遂成枯落，多不接世，悲守穷庐，将复何及！"这就是诸葛亮的名文《诫子书》，诸葛亮告诉儿子：时光流去，学无所成，到老时，穷庐悲泣，悔之太迟！

理学大家朱熹，专著《读书之法》以遗后人，之中不仅有"循序而渐进，熟读而精思"这样的精妙见解，亦有"勿谓今日不学而有来日，勿谓今年不学而有来年。日月逝矣，岁不我延"的机警之语。

诺贝尔获奖者中，终身学习，并且涉猎多个学科的成功者，大有其人！

如莱昂尼德·赫维奇与格哈德·埃特尔。

按照诺贝尔奖的获奖规则，是没有数学奖这一奖项的。当然，没有这一奖项，也并不能表示数学家永远与诺贝尔奖无缘。莱昂尼德·赫维奇就是数学家，但他获得了诺贝尔奖，当然，他获得的是2007年度的诺贝尔经济学奖。

1917年，莱昂尼德·赫维奇出生于波兰但泽，后加入美国国籍。2008年，也就是他获诺贝尔奖的第二年，这位一辈子都在不断学习的91岁高龄的大师，走完了他的学术人生，离开了这个他力图不断解释、穷尽其奥秘的世界。

第二次世界大战爆发后，赫维奇因为是犹太人，他当时在波兰，在希特勒对犹太人实行清洗的政策下，只有选择逃离，正如他说："如果我待在波兰，我很可能成为奥斯维辛集中营的遇难者。"赫维奇在第二次世界大战的硝烟中来到美国，他非常幸运，一来美国就成为经济学大师保罗·萨缪尔森的助理，萨缪尔森1970年获得诺贝尔经济学奖。

赫维奇1976年获得哈佛大学应用数学博士学位。赫维奇对经济学非常感兴趣，他将数学知识运用于经济学的研究中，经济学的研究永远也离不开数学这个工具。赫维奇在经济学领域做了许多开创性的工作，他开始的兴趣主要是计量经济学，对动态计量模型的识别问题做出了奠基性的工作；他首先提出并定义了宏观经济学中的理性预期概念；而他最重要的贡献是提出了"机制设计理论"，这个理论中的激励或激励兼容等概念现在已经成为经济学中的核心概念之一。1990年，赫维奇因在"机制设计理论"方面所做的开创性工作而获得美国国家科学奖，据说，这是一个比诺贝尔经济学奖更难拿的奖项。"机制设计理论"的一个重要目标就是要解释何种制度或分配机制能够最大限度地减少经济损失。

赫维奇在经济学领域的研究卓有成就，但他并未取得过任何经济学学位，是明尼苏达大学26名经济学教授中唯一没有经济学学位的人。作为"机制设计理论"奠基人的赫维奇说："我是通过倾听和自修来学习经济学的。"

赫维奇是个终身学习型的人。他从助理开始做起，一直到成为教授，即使是九十高龄的老人了，也没有停止过自己的研究。"赫维奇教授是我见过最聪明、最有才智的人。"赫维奇的中国学生田国强教授说。

据田国强教授回忆，赫维奇治学严谨，对学生要求非常严格。"赫维奇教授有一大特点，他能够根据每个人经济学知识的多少和训练的不同，用非常通俗或严谨的语言把高深的问题讲得异常透彻。他的课有趣、通俗易懂，同学们都喜欢听，但考试却很难。……他对博士生也非常严格，他手下的学生一般要学六、七年才能拿到博士学位，很多人最后往往拿不到学位。"

"严师出高徒"，赫维奇的得意门生麦克法登就先于老师获得诺贝尔经济学奖。

赫维奇教授的兴趣非常广泛，对语言学都颇有研究，他还自学了几百个中国汉字，对中国的经济改革非常感兴趣，而且多次访问中国，到中国讲学。

2007年，90岁的赫维奇教授，因为最早提出"机制设计理论"，和另外两名美国经济学家一起分享该年度的诺贝尔经济学奖，成为诺贝尔获奖史上获奖年龄最大的人。得知自己获奖后，赫维奇幽默地说："我还以为我的时代已经过去，对于获诺贝尔奖来说，我实在太老了。不过这笔奖金对一个已退休的老人的确不无裨益。"

赫维奇的终身学习思维值得每一个人借鉴。试想，一个八十多岁的老人，为了访问中国时方便交流，还自学中文，这是怎样一种令人佩服的学习劲头！

赫维奇、埃特尔：学而不已，阖棺而止

　　格哈德·埃特尔(1936—　)，
德国化学家。埃特尔主要从事表
面化学的研究，因他在"固体表
面化学过程"研究中所作的贡献，
2007 年度的诺贝尔化学奖授予
埃特尔。

2007 年的诺贝尔化学奖授予 71 岁的德国科学家格哈德·埃特尔，表彰他在"固体表面化学过程"研究中作出的开创性贡献。

格哈德·埃特尔也是终身学习不倦的人，而且，他爱科学，也爱艺术。

格哈德·埃特尔的研究方法，可以帮助人们深入了解这样的化学变化：铁为什么会生锈，燃料电池如何工作，汽车内催化剂如何完成催化等。表面化学反应对于工业生产起着重要作用，例如人工肥料的生产，表面化学的研究甚至能解释臭气层破坏的原因！

格哈德·埃特尔是个性格开朗、幽默风趣的科学家，他脸上永远都挂着灿烂的笑容。普林斯顿大学化学工程教授洛尼斯·肯弗克迪斯与埃特尔并肩作战了很多年，他说埃特尔"除了是位好科学家外，他也是最有趣的人，与他在一起合作是件赏心悦目的事"。获奖消息传来的时候，埃特尔正在家里等着和妻子一起共进午餐，以庆祝他 71 岁的生日。埃特尔可没想到，瑞典皇家科学院会送给他这么珍贵的生日礼物。他激动地对记者说："这是一辈子只有一次的生日礼物！"不过，这个开朗的老头接着风趣地补充说，"诺贝尔奖是一个人可能收到的最好礼物。不过，即便是一个散步用的拐杖，我也会很满意的！"

在谈到获奖后对他的生活有什么影响时，埃特尔说："我当然是不想改变我现在的生活，但听那些曾经获奖的人提及，你不想改变都难。"埃特尔说他最大的心愿就是"依然能坚持自己的研究"。

埃特尔有一个非常吸引人的特点，那就是他不会总是埋头于自己的实验，而是特别喜欢音乐，钢琴弹得非常棒。每年圣诞节，埃特尔都会为单位里的外籍研究人员组织一次聚会。聚会上，他要为大家弹奏钢琴曲，常常是技惊四座，赢得大家热烈的掌声。有时候，他还会邀请几位擅长小提琴和单簧管的朋友组成一支小乐队，为大家献上精彩的表演。

其实，很多科学家都喜欢音乐、美术等艺术。这些高雅、有趣的艺术形式，使他们在枯燥、繁重的研究之余，获得美的享受，让他们身心轻松。所以，他们把音乐、美术等艺术当作滋养智慧的另一种养料，这种养料是他们生命中不可缺少的东西。

爱因斯坦就是一个酷爱音乐的人，在小提琴方面的造诣很高。更有意思的是，1962 年获得诺贝尔生理学或医学奖的美国分子生物学家詹姆斯·沃森，让绘画帮助自己完成了最重要的研究——绘制 DNA 双螺旋图。沃森被称为"DNA 之父"，他的研究解开了人类遗传的奥秘。他在发表自己最重要研究论文时，需要绘制 DNA 的双螺旋结构图，他请学绘画的妻子克里克来帮忙，用手工绘制了生命遗传的蓝图——DNA 双螺旋图。这幅黑白草图成了现代分子生物学的象征，以后的 DNA 双螺旋图绘制都参照了这幅图。

音乐、美术等艺术形式，往往受到许多伟大科学家的宠爱，因为他们觉得，这些美的结晶是他们走向成功最重要的辅助手段，所以，他们的思维空间里总会留给艺术一块地盘。

智慧需要音乐、美术等艺术来滋养，这既能陶冶情操，让你变成一个高雅的人，又能成为你成功的好帮手，所以，在繁重的学习之余，不妨在这方面也多提升自己，爱艺术，也要成为一种思维方式。

中国有句智慧的谚语："活到老，学到老。"

每个人都应谨记！

后　　记

在"自序"中，写作本书的情由，已基本交代清楚。本书正文的内容，也已经完全向读者交代了我思索的结果。

在后记，想表达的是自己深深的谢意。

本人肯定是传统的"铁杆粉丝"，相信我们的传统智慧不仅能哺育中国，更能滋养世界。特别是接受江西省委党校的聘请后，给江西省的行政系统讲授传统文化的当代价值等课程时，比以前更有意识地去总结传统文化对当下社会生活的启发，这种感觉更为强烈。

本书能见天日，特别感谢人民出版社的洪琼、李琳娜诸位友人的大力促成与艰辛付出！感谢江西省委党校诸位良师的抬爱，让我能有一个平台将传统文化拉入"致用"这样一个层面，特别是告诉人们如何借助传统智慧，改变思维方式，获取成功！感谢湖南师范大学美术学院的张娜女士，为本书配画了全部插图！更要感谢那些为本书提供材料而又未及一一注明的人们，他们的帮助更有力量。

我坚信，本书的写作，有其存在之意义。

何山石
2015 年 10 月于武昌

责任编辑：李琳娜

装帧设计：汪　莹

图书在版编目（CIP）数据

诺贝尔奖与中华传统智慧／何山石 编著 . –北京：人民出版社，2015.10

ISBN 978 – 7 – 01 – 015399 – 5

I. ①诺…　II. ①何…　III. ①成功心理 – 通俗读物　IV. ① B848.4-49

中国版本图书馆 CIP 数据核字（2015）第 251625 号

诺贝尔奖与中华传统智慧

NUOBEIERJIANG YU ZHONGHUA CHUANTONG ZHIHUI

何山石　编著

人民出版社 出版发行

（100706　北京市东城区隆福寺街 99 号）

北京中科印刷有限公司印刷　新华书店经销

2015 年 10 月第 1 版　2015 年 10 月北京第 1 次印刷

开本：710 毫米 × 1000 毫米 1/16　印张：20.5

字数：242 千字

ISBN 978 – 7 – 01 – 015399 – 5　定价：49.00 元

邮购地址 100706　北京市东城区隆福寺街 99 号

人民东方图书销售中心　电话：（010）65250042　65289539